Franz Keibel

Normentafeln zur Entwicklungsgeschichte der Wirbelthiere

Band 9

Franz Keibel

Normentafeln zur Entwicklungsgeschichte der Wirbelthiere
Band 9

ISBN/EAN: 9783743322899

Hergestellt in Europa, USA, Kanada, Australien, Japan

Cover: Foto ©berggeist007 / pixelio.de

Manufactured and distributed by brebook publishing software
(www.brebook.com)

Franz Keibel

Normentafeln zur Entwicklungsgeschichte der Wirbelthiere

NORMENTAFELN

ZUR

ENTWICKLUNGSGESCHICHTE DER WIRBELTIERE.

IN VERBINDUNG MIT

Dr. Bles-Glasgow, Dr. Boeke-Helder, Holland, Prof. Dr. Brachet-Brüssel, Prof. Dr. B. Dean-Columbia University, New York, U. S. A., Dr. Greil-Innsbruck, Prof. Dr. O. Grosser-Wien, Prof. Dr. B. Henneberg-Giessen, Prof. Dr. Hubrecht-Utrecht, Prof. Dr. J. Graham Kerr-Glasgow, Dr. Kopsch-Berlin, Dr. Thilo Krumbach-Breslau, Prof. Dr. Lubosch-Jena, Prof. Dr. P. Martin-Giessen, Dr. Nierstrasz-Utrecht, Prof. Dr. C. S. Minot-Boston, U. S. A., Prof. Mitsukuri-Tokio, Prof. Dr. Nicolas-Paris, Prof. Dr. Peter-Greifswald, Prof. Reighard-Ann Arbor, U. S. A., Dr. Sakurai-Fukuoka, Japan, Dr. Scammon-Harvard Medical School, Boston, U. S. A., Prof. Dr. Semon-Prinz-Ludwigshöhe bei München, Prof. Dr. Sobotta-Würzburg, Prof. Dr. Soulié-Toulouse, Prof. Dr. Tandler-Wien, Dr. Taylor-Philadelphia, U. S. A., Prof. Dr. Tourneux-Toulouse, Dr. Voelcker-Prag, Prof. Whitman-Chikago, U. S. A.

HERAUSGEGEBEN VON

PROF. DR. F. KEIBEL, LL. D. (HARVARD),

FREIBURG I. BR.

NEUNTES HEFT.

NORMENTAFEL ZUR ENTWICKLUNGSGESCHICHTE DES KIEBITZES (VANELLUS CRISTATUS MEYER).

VON

PROF. **O. GROSSER** WIEN. UND PROF. **J. TANDLER** WIEN.

MIT 3 TAFELN.

JENA,
VERLAG VON GUSTAV FISCHER
1909.

Vorwort.

Die vergleichend-entwicklungsgeschichtlichen Untersuchungen der letzten Jahrzehnte haben uns gelehrt, daß die Einsicht in die komplizierten Vorgänge der Entwicklungsgeschichte um so mehr an Ausdehnung gewinnt, je reichhaltiger und mannigfaltiger die Species sind, deren Embryonalstadien einer plangemäßen Untersuchung zugeführt werden können. Während ursprünglich das klassische Objekt des entwicklungsgeschichtlichen Studiums, das Huhn, fast paradigmatisch für die gesamte Entwicklungsgeschichte verwendet wurde, gilt heute dasselbe Objekt kaum als Paradigma für die sich in der Entwicklungsgeschichte des Vogels abspielenden Vorgänge. Wenn auch in den letzten Jahren eine ganze Reihe von Vogelspecies der embryologischen Untersuchung zugeführt wurde, so handelt es sich in diesen Fällen doch hauptsächlich um die Beantwortung von Spezialfragen an einem dem Autor durch Zufall in die Hände gelangten oder absichtlich gewonnenen Material.

Jede Bereicherung des bisher vorliegenden Untersuchungsmaterials um die Embryonalstadien einer neuen Species wird daher eine Vergrößerung unseres Wissensgebietes bedeuten.

So sind wir denn daran gegangen, embryonales Material eines Sumpfvogels systematisch zu sammeln, um uns über die Entwicklungsgeschichte dieser Ordnung zu orientieren. Rein äußerliche Umstände, wie Gelegenheit der Materialbeschaffung in großer Menge haben es mit sich gebracht, daß wir uns der Untersuchung der Ontogenese von *Vanellus cristatus* zuwandten. Abgesehen davon, daß es sich hier um eine bisher in systematischer Weise noch niemals untersuchte Species handelt, bringt eine solche Untersuchung den Vorteil mit sich, daß sie sich auf einen Vogel bezieht, bei welchem degenerative Prozesse, wie sie sich im Anschluß an die Domestikation wohl entwickeln, nicht mitspielen.

Die Hohe Kaiserliche Akademie der Wissenschaften in Wien hat unsere Bestrebungen durch eine namhafte Subvention unterstützt. Es sei uns gestattet, der Hohen Kaiserlichen Akademie der Wissenschaften an dieser Stelle unseren ergebensten Dank auszusprechen. Ein vorläufiger Bericht über die Beschaffung und bisherige Verwendung des Kiebitzmateriales wurde der Hohen Akademie in der Sitzung vom 18. Oktober 1908 vorgelegt.

Bei der Zusammenstellung und Verarbeitung unseres Materiales kamen wir auf den Gedanken, von demselben zunächst eine Entwicklungsreihe in Form einer Normentafel aufzustellen und diese den bekannten Keibelschen Normentafeln einzureihen. Durch dieses Vorgehen ist einerseits eine von *Gallus* fernstehende Species aus der Klasse der Vögel in dieser Normenreihe vertreten, andererseits aber das embryonale Material derart gesichtet, daß es den verschiedenen Spezialuntersuchungen der Fachkollegen in übersichtlicher Form zur Verfügung gestellt werden kann.

Inhaltsübersicht.

Einleitung.

Wenn auch der Kiebitz, an sumpfigen Stellen in ganz Europa vorkommend, gewiß kein seltener Vogel ist, so sind doch diejenigen Plätze, an welchen er in großen Mengen brütet, nicht gerade häufig. Wir wählten den am Südostufer des Plattensees gelegenen großen Sumpf des Somogyer Komitates, welcher ca. 40000 Joch mißt, als diejenige Stelle aus, an welcher wir Embryonen sammelten. Durch die Liebenswürdigkeit des Herrn Oberförsters L. ZATSJOWSZKY erhielten wir die Erlaubnis, in dem zu seinem Revier gehörigen Sumpfanteil Kiebitzeier zu sammeln, respektive sammeln zu lassen. In zwei aufeinander folgenden Jahren, 1904 und 1905, machten wir in der ersten Hälfte April von dieser Erlaubnis Gebrauch und schlugen unser Standquartier in dem am Sumpfrande gelegenen Orte Fonyod auf.

Im eigentlichen Sumpfe deponiert bekanntlich der Kiebitz seine Eier nicht, sondern nur an den wiesenartigen Randzonen desselben. Das Nest stellt eine kleine, an einer trockeneren Stelle gelegene Mulde dar, welche spärlich mit Halmen ausgefüttert ist. In ein solches Nest legt das Kiebitzweibchen 4 Eier, deren Bebrütung sie erst nach Ablage des 4. Eies beginnt. Wenigstens konnten wir konstatieren, daß, insolange in einem Neste nur 2—3 Eier vorhanden sind, dieselben sich immer als unbebrütet erwiesen. Daher ließen wir auch in der Folge solche Nester unberührt. Die 4 Eier liegen immer so im Nest, daß ihre spitzen Pole einander zugekehrt sind. Die Widerstandsfähigkeit der Eier sowie der Embryonen gegen Kälte und Nässe ist nach unserer Erfahrung eine ganz unglaublich große. So hatten wir Gelegenheit folgendes zu beobachten:

Auf einen sehr nassen, kalten Tag, an welchem es abwechselnd regnete und schneite, folgte eine Nacht, in welcher das Thermometer unter Null sank. Als wir am nächsten, klaren Morgen in den Sumpf hinausgingen, war die Landschaft mit Schnee bedeckt und der Sumpf stellenweise hart gefroren. Wir fanden Kiebitznester, in welchen die im Wasser liegenden Eier buchstäblich eingefroren waren. Die in diesen Eiern vorhandenen Embryonen erwiesen sich als lebend, da ihr Herzschlauch deutlich pulsierte. Auch sonst scheinen Kiebitzeier sehr widerstandsfähig zu sein, da wir mehrere Postsendungen mit bebrüteten Kiebitzeiern erhielten, in denen die Embryonen lebten. — Unser Aufenthalt im Sumpf ermöglichte uns verschiedene biologische Beobachtungen, von denen die eine hier Erwähnung finden möge: Daß die Kiebitze ihre Nester gegen die verschiedenen Feinde mit Mut verteidigen, ist eine längst bekannte Tatsache; doch konnten wir einige Male beobachten, daß diese Vögel gelegentlich auch zu einer List Zuflucht nehmen. Näherten wir uns einem Kiebitznest, so flogen wiederholt die Kiebitze mit großem Geschrei vom Neste auf, um einige Schritte weiter sich wieder niederzulassen oder knapp über der Erde umherzuflattern. Sie ließen uns dabei ganz nahe an sich herankommen, um sich dann wieder ein wenig zu entfernen, und verfolgten dieses Spiel ununterbrochen, dabei immer so vorgehend, daß sie sich vom Nest immer weiter und weiter entfernten.

Folgt man bei solchen Gelegenheiten dem Kiebitz, so kann man sicher sein, daß man durch ihn von dem Nest abgelenkt, respektive über dessen genauere Lage getäuscht wird. Es macht vielfach den Eindruck, als ob die Tiere bewußterweise den Feind von ihrem Neste wegzulocken versuchten.

Die an einem Tage geöffneten Eier zeigten regelmäßig große Unterschiede der Entwicklung, welche fast die ganze in der Normentafel dargestellte Entwicklungsbreite umfassen. Die wenige Tage nach unserem Abgang nach Wien nachgeschickten Eier enthielten wieder hauptsächlich junge Embryonen. Da die Bebrütung nach Brehm ungefähr 16 Tage dauert, so folgt daraus, daß die Zeit der Eiablage einen Zeitraum von 3—4 Wochen umfaßt.

Die zahlreichen, von uns gesammelten und in loco konservierten Embryonen wurden approximativ nach ihrer Entwicklungshöhe geordnet und aus ihnen dann eine Stadienreihe von 33 Embryonen ausgesucht. Dabei achteten wir darauf, die einzelnen Embryonen so zu wählen, daß sie Parallelstadien zu den von Keibel in seiner Normentafel abgebildeten Hühnchenstadien darstellen. Die von uns hergestellten Tabellen umfassen hauptsächlich diese 33 Stadien, zu welchen als Ergänzungsstadien nur noch 10 weitere, namentlich jüngere, in die Tabellen aufgenommen wurden, da es sich uns, wie schon erwähnt, vor allem um die Feststellung der einzelnen Entwicklungsetappen, nicht aber um die Bestimmung individueller Varianten handelt. Es liegt in der Natur der Sache, daß unsere Stadienreihe trotz der großen Zahl der gesammelten Embryonen einzelne, wenn auch kleine, Lücken aufweist. Diese Lücken betreffen namentlich die Stadien von der Bildung des 1. bis 4. Urwirbels und des 14. bis 19. Urwirbels. Auch die ersten Entwicklungsvorgänge: Bildung der beiden primären Keimblätter und das Auftreten des Primitivstreifens konnten nicht in den Kreis der Betrachtung aufgenommen werden.

Die jüngeren Stadien wurden nach der Zahl ihrer Urwirbel bis zu 52 Urwirbeln, die älteren Stadien nach der Entwicklungshöhe der Organe geordnet.

Unser Literaturverzeichnis schließt an das der Keibel-Abrahamschen Normentafel des Huhnes an und beginnt dementsprechend mit dem Jahre 1899. Wir haben uns bemüht, dasselbe vollständig zu gestalten, doch mag uns immerhin von den Arbeiten, die nicht schon nach den Titeln erkennen lassen, daß sie Verhältnisse bei Vögeln behandeln, die eine oder die andere entgangen sein.

Material und Methode.

Im ganzen ist es uns gelungen, etwa 400 Embryonen zu konservieren. Die Konservierung geschah an Ort und Stelle, mit Ausnahme einer kleinen Zahl von Embryonen, die in Wien aus nachgesandten Eiern gewonnen wurden. Aeltere Stadien, die in der Normentafel keine Berücksichtigung mehr gefunden, wurden ebenfalls in Wien künstlich bebrüteten Eiern entnommen.

Die Konservierung erfolgte in Sublimat-Essigsäure, die der jüngsten Stadien bis zur makroskopischen Wahrnehmung des Primitivstreifens durch Einlegen des ganzen Dotters in Formol. Leider erwiesen sich gerade diese Stadien einer weiteren Bearbeitung gegenüber ziemlich unzugänglich, da sich die dem Dotter unmittelbar aufliegende Eiweißschicht nicht mehr ablösen und auch nicht schneiden ließ. Eine sorgfältige Konservierung dieser jüngsten Stadien war durch die leider sehr primitiven äußeren Verhältnisse ausgeschlossen.

Die abzubildenden Embryonen wurden mit wenigen Ausnahmen nach dem Vorgange von Hochstetter mit Parakarmin vorgefärbt, dann unter Alkohol photographiert. Blasse Kopien der Aufnahmen wurden dann vom akademischen Maler Herrn BRUNO KEILITZ retouchiert und unter stetem Vergleich mit dem Objekt bis ins Detail ausgeführt.

Die Embryonen wurden nach KEIBEL zunächst von oben, nach erfolgter Drehung des Kopfes aber von unten respektive von der linken Seite her aufgenommen. Eine Reihe von Bildern wurde aber auch zur Darstellung des Verhaltens der Eihäute in späteren Stadien von oben aufgenommen, und die betreffenden Abbildungen wurden mit derselben Nummer wie das eigentliche Kontrollbild versehen, zur Unterscheidung aber mit a bezeichnet. Bei älteren Embryonen wurde mehrfach ein reines Profilbild des Kopfes genommen und ebenfalls mit a bezeichnet. Die Embryonen wurden durchwegs in Paraffin geschnitten, die jüngsten zumeist 5 μ, die älteren 10 μ dick. Namentlich bei den älteren Stadien erwies sich eine Nachfärbung der Schnitte mit Hämalaun-Eosin zumeist als vorteilhaft.

Beschreibung der abgebildeten Embryonen.

Stadium 1.

Fig. 1.

Die Keimscheibe wurde nicht vom Dotter abgehoben, sondern mit einem Stück desselben konserviert. Das Ektoderm hat sich bereits ziemlich weit über den Dotter ausgebreitet und reicht über den dargestellten Bezirk hinaus. Das Entoderm begrenzt sich am Dotterwall, der durch das Ektoderm hindurchschimmert und dem Embryonalschild seine eiförmige Begrenzung verleiht. Der Primitivstreifen erscheint im auffallenden Licht als weißliche Erhabenheit, am kaudalen Ende desselben zeigt sich ein dunkler Fleck, der durch die Subgerminalhöhle bedingt ist.

Stadium 2.

Fig. 2.

Keimscheibe vom Dotter abgelöst. Im Bereiche des Keimwalles und seitlich davon sind Dottermassen haften geblieben. Embryonalschild eiförmig, am Rande weniger durchsichtig als etwas einwärts davon. Vorn und rechts ist er durch eine Falte (Schrumpfung) begrenzt. Der Primitivstreifen mit deutlicher Primitivrinne reicht bis etwas über die Mitte des Embryonalschildes nach vorn. In seiner Fortsetzung schimmert der Kopffortsatz durch. Entsprechend dem hinteren Ende der Primitivrinne sind Dottermassen an der Keimscheibe haften geblieben und schließen einen Teil der Subgerminalhöhle ein. Diese schimmert durch den Embryonalschild durch und erscheint wie eine hintere Primitivgrube.

Stadium 3.

Fig. 3.

An der Unterseite des lichten Fruchthofes haften Dotterreste, so daß die Konturen unregelmäßig erscheinen. Vor den Medullarwülsten ist als sichelförmiger Bezirk das Proamnion sichtbar. Die Medullarwülste selbst treten noch wenig hervor und begrenzen eine ziemlich seichte Medullarrinne. Kaudalwärts weichen die Medullarwülste stark auseinander und umfassen den Anfang des Primitivstreifens, der noch die größere Hälfte der Embryonalanlage einnimmt und in seinem mittleren Anteile eine deutliche Primitivrinne aufweist.

Stadium 4.

Fig. 4.

Die Keimscheibe ist längsoval, das Proamnion wie ein geöffneter Fächer vor dem Kopfende des Embryo liegend. Zu beiden Seiten des Embryo liegen der helle und dunkle Fruchthof als langgestreckte schmale Zonen; infolge der Aufnahme gegen einen dunklen Hintergrund erscheint im Photogramm der helle Fruchthof dunkler. Das Kopfende des Embryo wächst über das Proamnion vor und beginnt in dasselbe einzusinken. Die Medullarwülste sind noch kurz und erstrecken sich über etwa ein Drittel der ganzen Embryonalanlage. Sie sind bereits auf eine kurze Strecke aneinandergelegt und weichen nach rückwärts wieder stark auseinander, um das vordere Ende des Primitivstreifens zu umfassen. Der Primitivstreifen nimmt etwa drei Viertel der Embryonalanlage ein und trägt nahezu in seiner ganzen Ausdehnung eine Primitivrinne, deren kraniales Ende tief eingeschnitten ist.

Stadium 5.

Fig. 5.

Das Proamnion und die beiden Fruchthöfe sind infolge der Parakarminfärbung des Embryo nicht scharf abgrenzbar. Das Kopfende ragt über das Proamnion vor. Die Medullarwülste nehmen nunmehr zwei Drittel der Embryonalanlage ein. Sie sind in ihrem vordersten Abschnitt aneinander gelegt, dahinter größtenteils einander genähert und mit unregelmäßigen welligen Rändern versehen. Den Eindruck einer metameren Faltenbildung im Sinne von HILL gewinnt man nicht. Der verhältnismäßig kurze Primitivstreifen besitzt eine in zwei Teile getrennte Primitivrinne, deren vorderer sehr kurzer Abschnitt das Vorhandensein eines Loches in der Embryonalanlage vortäuscht. Im durchfallenden Licht sind 4 Urwirbel erkennbar.

Stadium 6.

Fig. 6.

Die Photographie ist von dem ungefärbten Objekt aufgenommen. Fruchthöfe und Proamnion grenzen sich gut ab, nur die Grenze zwischen hellem Fruchthof und Proamnion ist nicht scharf. Beide erscheinen im Bilde dunkel, weil das Objekt gegen einen schwarzen Hintergrund photographiert wurde. Das Kopfende ist in das Proamnion eingesunken, eine Kopfkappe des Amnion aber noch nicht gebildet.

Die Medullarwülste nehmen etwa zwei Drittel der ganzen Länge des Keimes ein und sind im Zwischenhirnbereich aneinander gelegt; entsprechend der Mittel- und Hinterhirngegend weichen sie auseinander. In der Urwirbelregion sind sie einander wieder genähert, um endlich, wieder auseinanderweichend, den Primitivstreifen zu umfassen. 4 Urwirbel schimmern durch das Ektoderm hindurch. Der Primitivstreifen umfaßt etwas weniger als die Hälfte der Embryonalanlage und trägt eine im Anfang tiefe, nach hinten verflachende Primitivrinne.

Stadium 7.

Fig. 7.

Das Objekt wurde in ungefärbtem Zustande photographiert. Die Fruchthöfe sind nur unscharf abgegrenzt. Die Medullarwülste, deren Ausläufer bis nahe an das Ende der Embryonalanlage verfolgbar sind, liegen bis zum kranialen Ende des Primitivstreifens aneinander, sind aber noch nicht miteinander verschmolzen. In dem abgehobenen Kopfende ist die Anlage des Zwischenhirnes, dahinter die des Mittelhirnes als Verbreiterung des Medullarrohres sichtbar. 5 Urwirbel sind im auffallenden und im durchfallenden Lichte zählbar.

Der Primitivstreifen trägt eine in ihrem mittleren Abschnitt ziemlich tiefe Primitivrinne.

Stadium 8.

Fig. 8.

Heller und dunkler Fruchthof sind durch das Auftreten der Blutinseln in letzterem scharf voneinander geschieden.

Das Proamnion wird durch die Mesodermflügel begrenzt. Die Leibeshöhlen zu beiden Seiten des vorderen Embryonalendes sind ballonförmig aufgetrieben. Die Medullarwülste sind in der Zwischen- und Mittelhirngegend miteinander verschmolzen, dahinter klaffend. Der Neuroporus anterior ist spaltförmig und reicht noch bis an die Dorsalseite des Embryo. Die primären Augenblasen beginnen sich aus dem Zwischenhirn auszustülpen. Jederseits sind 8 Urwirbel sichtbar. Der Primitivstreifen, welcher ungefähr einem Viertel der Keimlänge entspricht, trägt eine Primitivrinne, deren Anfang stark vertieft ist, während dahinter zunächst ein seichter, dann wieder ein tieferer Abschnitt der Rinne folgt. Vor dem Primitivstreifen ist am Boden der verbreiterten Medullarrinne die Chorda zu erkennen.

Stadium 9.

Fig. 9.

Das Proamnion ist scharf begrenzt und noch flach ausgebreitet. Heller und dunkler Fruchthof sind am Kaudalende des Embryo gut gegeneinander abgesetzt. Im vorderen Abschnitt fallen die ballonförmig aufgetriebenen Leibeshöhlen auf, welche bis nahe an die Primitivstreifenregion heranreichen und die Grenzen zwischen den Fruchthöfen verwischen. Das Kopfende ragt frei vor. Das Hirnrohr ist an der Dorsalseite durchwegs geschlossen, die Medullarlippen liegen im Rückenmarksabschnitt aneinander. Im Hirnbereich ist das Prosencephalon mit den primären Augenblasen, das Mesencephalon, das Metencephalon und das Myelencephalon unterscheidbar. Die Medullarwülste sind im kaudalen Anteil verbreitert. Anschließend findet sich ein Primitivstreifen, der nicht ganz ein Siebentel der ganzen Körperlänge einnimmt und eine tiefe Primitivrinne trägt. Stamm- und Parietalzone des Körpers sind erkennbar. In der ersteren sieht man 10 Urwirbel. Zwischen Fruchthof und Embryo stellen die Vasa omphalomesenterica eine Verbindung her.

Stadium 10.

Fig. 10.

Das Proamnion ist in Verkleinerung begriffen und als Kopfkappe über das Vorderende des Keimes gelegt. Eine seitliche Amnionfalte ist noch kaum angedeutet. Die Grenze der Fruchthöfe ist im Verschwinden. Kopf und Vorderende des Rumpfes sind bis an die Eintrittsstelle der Venae omphalomesentericae von der Unterlage abgehoben und nach unten abgebogen. Das Medullarrohr ist mit Ausnahme des hintersten Abschnittes geschlossen. Die Augenblasen sind in Abschnürung begriffen. Die Hauptabschnitte des Gehirns scheinen durch das Ektoderm hindurch. Die Hörgrübchen sind angelegt. 13 Urwirbel sind kenntlich. Der Primitivstreifen ist stark reduziert.

Stadium 11.

Fig. 11.

Das Photogramm ist nach dem ungefärbten Objekt angefertigt. Der Embryo ist bis über die Herzgegend hinaus vom Amnion bedeckt. Die seitlichen Amnionfalten sind bis nahe an das kaudale Ende des Embryo verfolgbar. Kopf und Herz sind nach rechts gedreht und auf die linke Seite gelagert. Das vordere Viertel des Körpers ist von der Unterlage abgehoben. Augenblase und die Hörgrübchen sind sichtbar. Die Herzschleife, mit beginnender Gliederung, erscheint an der rechten Seite des Embryo.

21 Urwirbel sind zählbar. Die Rumpfgegend ragt bis an das Ende der Urwirbelreihe aus dem Niveau des Fruchthofes heraus. Vom Primitivstreifen ist noch ein kleiner Rest vorhanden.

Stadium 12.

Fig. 12.

Das Objekt wurde vor der Aufnahme mit Parakarmin gefärbt. Das Proamnion ist durch die vorwachsenden Mesodermflügel schon nahezu ringsum umgriffen und in das Amnion fortgesetzt. Dieses selbst liegt dem Embryo bis nahe zur Mitte des Körpers dicht an. Die seitlichen Amnionfalten sind sehr kurz. Die Arteriae omphalomesentericae werden im Fruchthof deutlich sichtbar. Das Medullarrohr ist durchwegs geschlossen, in den verdickten Primitivstreifen übergehend. Stamm- und Parietalzone sind bis an das kaudale Körperende differenziert.

Die Einzelheiten der Kopfgegend sind durch das gefärbte Amnion verdeckt.

Stadium 13.

Fig. 13 und 13a [1].

Vom Proamnion ist vor dem Kopfende des Embryo noch ein kleiner dreieckiger Bezirk, der durch die Venae vitellinae anteriores begrenzt wird, sichtbar. Das Amnion umhüllt den Körper bis über die Arteriae omphalomesentericae hinaus und setzt sich in die seitlichen Amnionfalten fort. Eine hintere Amnionfalte ist nicht vorhanden. Die vordere Körperhälfte ist nach rechts gedreht, die Torsion erfolgt hinter dem Herzen. Auch die hintere Körperhälfte ist aus dem Fruchthof herausgehoben; die Schwanzspitze beginnt als breite Erhebung frei vorzuwachsen.

Im Kopfabschnitt sind die drei Hirnbeugen angelegt, die Scheitelbeuge besonders stark entwickelt. Die Decke des 4. Ventrikels ist stark verdünnt und blasenartig vorgewölbt. Das Telencephalon beginnt sich gegen das Parencephalon abzugrenzen. In die sekundäre Augenblase ist das Linsensäckchen mit erkennbarer äußerer Oeffnung eingestülpt. Das Hörgrübchen ist noch offen; es liegt in der dorsalen Verlängerung des 2. Kiemenbogens. Das Trigeminus- und das Facialis-Acusticusganglion sind durch das Ektoderm hindurch erkennbar. Mandibular- und Hyoidbogen sind gut begrenzt, 1. und 2. Kiemenfurche deutlich sichtbar. Der 3. Bogen und die 3. Furche treten weniger scharf hervor. Die Darmrinne an der Unterseite des Embryo ist bereits durch die seitlichen Darmlippen durchwegs begrenzt. In der Dottersackwand erscheinen (von der ventralen Seite gesehen) die Arteriae omphalomesentericae und die im proximalen Teile unpaare Vena vitellina anterior. Das Pericard wölbt sich ventralwärts stark vor. Vorhof und Ventrikel sind gegeneinander abgrenzbar. Die Extremitätenleiste ist im Bereiche der vorderen Extremität angedeutet.

Stadium 14.

Fig. 14 und 14a [2].

Vom Proamnion ist noch ein schmaler Rest vor dem Kopf erhalten. Das Amnion überschreitet die Vasa omphalomesenterica und setzt sich in deutliche seitliche Amnionfalten fort. Eine hintere Amnionfalte fehlt. Die Vasa omphalomesenterica und das Gefäßnetz des Fruchthofes treten scharf hervor. Kopf und Herz sind nach rechts gewendet. Die Schwanzspitze ragt deutlich vor.

1) Fig. 13a ist von dem ungefärbten Objekt, Fig. 13 nach Entfernung des Amnion von dem gefärbten Objekt gewonnen.
2) Bilder wie bei Stadium 13 gewonnen.

Die Scheitelkrümmung prägt sich schärfer aus, das Mittelhirn ragt bereits kuppelförmig vor. Das Ende des Medullarrohres verliert sich in der verdickten, undifferenzierten Schwanzknospe. Die sekundäre Augenblase mit Linsensäckchen und das Hörgrübchen mit einer feinen Oeffnung sind gut erkennbar. 2 Trigeminusganglien (erster Ast und gemeinsame Anlage für den zweiten und dritten Ast) sowie das Facialis-Acusticusganglion sind sichtbar. 2 Kiemenbogen sind gut begrenzt, der 3. ist eben erkennbar. Die seitlichen Darmlippen sind wulstförmig, die hintere Darmbucht ist noch nicht zum Schwanzdarm ausgewachsen. In den Darmlippen verlaufen die Arteriae omphalomesentericae und die unpaare Vena vitellina anterior. Die Extremitätenleiste ist noch auf den vorderen Rumpfabschnitt beschränkt.

Durch den Boden der Darmrinne schimmert die Chorda hindurch. Am Herzen sind Vorhof und ab- und aufsteigender Teil der Ventrikelschleife abgrenzbar.

Stadium 15.

Fig. 15 und 15a [1].

Das Proamnion ist bei der Ansicht von oben verschwunden. Das Amnion reicht bis über die Anlage der hinteren Extremität, die seitlichen Amnionfalten sind kurz, hintere Amnionfalte fehlt. Die Schwanzspitze ragt frei vor. Im Fruchthof sind die größeren Arterienstämme von Venen begleitet. Der Körper ist fast durchwegs vom Fruchthof abgehoben; Kopf, Herz und Schwanzspitze, in geringerem Maße auch der übrige Körper sind nach rechts gedreht. Die Nackenbeuge ist in Zunahme begriffen. Auch der Rumpf beginnt etwa in der Gegend der vorderen Darmpforte sich ventralwärts abzubeugen. Das Gehirn ist deutlich gegliedert. Das Rückenmark ist bis an das Ende des nunmehr kegelförmigen Schwanzes verfolgbar. Die sekundäre Augenblase zeigt das Colobom und das Linsensäckchen; das Hörbläschen erscheint eiförmig mit dorsalwärts gerichtetem, spitzem Pol. Das Riechgrübchen ist deutlich.

Die Ganglienanlagen des Trigeminus, des Acustico-Facialis und der Vagusgruppe schimmern durch das Ektoderm durch.

2 Kiemenbogen und 2 Kiemenspalten sind gut erkennbar. Der Sinus cervicalis ist eben angedeutet. Die Extremitätenleiste stellt einen niedrigen Wulst dar, mit etwas stärkerer Vorwölbung im Bereiche der vorderen und der hinteren Extremität.

Stadium 16.

Fig. 16 und 16a [2].

Das Amnion ist bis auf einen kleinen ovalen Bezirk, der etwas exzentrisch über der äußersten Schwanzspitze liegt, geschlossen. Der Rumpf ist in der Herzgegend nahezu rechtwinklig abgeknickt. In diese Gegend fällt auch die Torsionsstelle des Embryonalkörpers, dessen hintere Hälfte im Gegensatz zur vorderen nur wenig nach rechts gedreht ist. Unter den Hirnbeugen ist die Nackenbeuge wenig ausgesprochen. Die fünf Hauptabschnitte des Gehirnes sind abgrenzbar.

Das Riechgrübchen setzt sich in die Rinne zwischen medialem und lateralem Nasenfortsatz fort. Der Oberkieferfortsatz und 4 Kiemenbogen sind erkennbar. Die beiden letzten Bogen treten weniger weit lateralwärts vor als die beiden ersten. Das Hörbläschen ist oval, dorsalwärts verlängert und liegt dorsal vom 2. Bogen. Die großen Hirnnervenganglien sind sichtbar. Aus der Extremitätenleiste treten die Extremitäten noch immer sehr wenig hervor.

1) Bilder wie bei Stadium 13 gewonnen.
2) Bilder wie bei Stadium 13 gewonnen.

Unter dem stark vorspringenden Herzbuckel ist die Leberanlage und der Eintritt der starken Vena omphalomesenterica, welche im Bereich der vorderen Darmpforte liegt, sichtbar. Kaudal von der hinteren Darmpforte erhebt sich der flache mesodermale Allantoishöcker.

Stadium 17.

Fig. 17.

Das Objekt wurde nach Entfernung des bereits bis auf den Amnion-Nabelgang geschlossenen Amnion aufgenommen. Der Ansatzrand des Amnion an den Hautnabel ist zur Darstellung gebracht. Der Embryonalkörper ist im ganzen nach rechts gewendet, doch ist diese Drehung im mittleren Anteil, zwischen den Extremitäten, weniger stark ausgesprochen. Die Abknickung des Rumpfes in der Herzgegend ist geringer als im früheren Stadium und durch eine stärkere Nackenkrümmung kompensiert. Der Kopf ist namentlich durch das Wachstum der Stirnregion relativ größer als in früheren Stadien. Die Hemisphären beginnen sich vorzuwölben. Das Mesencephalon tritt halbkugelförmig vor, das Rautenhirn ist in die Länge gewachsen und kuppelförmig von seiner dünnen Decke überwölbt. Das Auge ist verhältnismäßig rasch gewachsen. Mandibular- und Hyoidbogen ragen seitlich stark vor. Der letztere ist durch einen Einschnitt an seinem kaudalen Rand gegliedert. Der 3. und der 4. Bogen liegen im Sinus cervicalis. Die Extremitäten sind als deutlich begrenzte Höcker angelegt. Die Schwanzspitze ist nach aufwärts umgeschlagen. Neben dem Herzen, an welchem der Ohrkanal sichtbar ist, treten Leber und Magen wulstförmig vor. Am Ende der spaltförmigen Darmrinne erscheint die Allantois als kleine, nach rechts gewendete Blase.

Stadium 18.

Fig. 18.

Embryonales und extraembryonales Cölom stehen in der Nabelgegend in weiter Verbindung, der Amnionrand ist an der Figur sichtbar. Die Drehung des Rumpfes zwischen den Extremitätenpaaren ist noch nicht so weit gediehen wie die von Kopf und Schwanz. Die Abknickung des Rumpfes erfolgt zwischen Herzgegend und Wurzel der vorderen Extremität und ist stärker als die Nackenbeuge. Die Schädelbasis beginnt im ganzen sich zu strecken. Im Hirnbereich treten Mittelhirn und Hemisphären besonders deutlich hervor. Die Riechgrube rückt von der lateralen an die ventrale Seite, ist aber noch im Profilbild sichtbar. Der Hyoidbogen wächst rascher als der Mandibularbogen und wird durch einen Einschnitt am kaudalen Rand in ein dorsales und in ein ventrales Stück gegliedert. Der Sinus cervicalis ist vertieft. Die Extremitäten sind stummelförmig, mit längsovaler Basis aufsitzend, mit der Kuppe kaudalwärts gerichtet, die vordere dabei etwas ventralwärts abgebogen, die hintere noch lateralwärts stehend. Die nach aufwärts geschlagene Schwanzspitze ist plump. Der Darmnabel ist gegenüber dem Hautnabel wesentlich kleiner geworden, indem die hintere Darmpforte kranialwärts verlegt wurde. Die Allantois tritt neben dem Darm als birnförmiges, mohnkorngroßes freies Bläschen durch den Nabel aus.

Stadium 19.

Fig. 19 und 19a.

Die Verkleinerung des Darmnabels schreitet rascher vorwärts als die des Hautnabels, so daß die Kommunikation zwischen embryonaler und extraembryonaler Leibeshöhle namentlich im kranialen und im kaudalen Abschnitt des ovalen Nabels noch weit offen ist. Doch hat die Verkleinerung des Hautnabels bereits zur Bildung einer vorderen Bauchwand, und zwar sowohl im kranialen Anteil, in der Lebergegend, als im kaudalen Anteil, der späteren Kloakengegend, geführt. Mit Rücksicht auf die Breite des Nabels ist die Drehung des Rumpfes zwischen den Extremitätenpaaren noch nicht vollendet. Die Krümmung des Rumpfes ist am stärksten im Bereiche der vorderen Extremität; die schon in früheren Stadien angedeutete dorsal-konkave Krümmung des Rückens zwischen den Extremitätenpaaren ist etwas schärfer betont. Im Kopfbereich ist das Hemisphärenhirn bereits bis zur Größe des Mittelhirns herangewachsen und grenzt sich gegen das Parencephalon durch eine Einziehung der Profillinie ab. Das Auge erreicht an Größe nahezu die Hemisphären. Der Oberkieferfortsatz ist noch verhältnismäßig klein, der Unterkiefer tritt hinter dem stark entwickelten, in einen dorsalen und einen ventralen Abschnitt gegliederten Hyoidbogen zurück. Der Sinus cervicalis ist vertieft, aber noch weit offen. Die vordere Extremität ist an ihrer Basis schon abgesetzt, in der Gegend des späteren Ellbogengelenkes ventralwärts abgebogen und am Ende plattenförmig verbreitert. Die hintere Extremität ist abgeplattet-stummelförmig und gleichfalls etwas ventralwärts gebogen. Das Schwanzende beginnt sich zuzuspitzen und ventralwärts einzurollen.

Am Herzen sind Vorhof, Ventrikel und Conus unterscheidbar. Im Grunde des eröffneten Stammes der Vena omphalomesenterica, die kranial von der vorderen Darmpforte gelegen ist, sind zwei Lumina sichtbar, die Eingänge in den Venenring um das Duodenum. In den Darmlippen sind die Arteriae omphalomesentericae, sowie rechterseits ein Stück der Vena omphalomesenterica dextra zu sehen. Die linke Vene ist an ihrer Vereinigungsstelle mit der rechten abgetragen. Die etwa hirsekorngroße Allantois ist mit der Kuppe bereits der Serosa angelagert. Am Grunde der eröffneten Blase ist der trichterförmige Eingang in den Allantoisgang sichtbar.

Stadium 20.

Fig. 20 und 20 a.

Der Schluß des Nabels ist so weit vorgeschritten, daß der Darmnabel nur mehr einen kurzen Spalt darstellt und auch der Hautnabel nur etwa die Hälfte der vorderen Bauchwand einnimmt. Entsprechend dem fortschreitenden Nabelverschluß ist die Drehung des Rumpfes nahezu vollendet und die dorsale Einziehung des Rückens im Verschwinden. Die Abknickung des Rumpfes in der Gegend der vorderen Extremität ist noch sehr ausgesprochen. Im Kopfbereich ist namentlich das Wachstum des Auges auffallend, da das Auge die Hemisphäre bereits an Größe übertrifft. Die tiefe Riechgrube ist fast ganz an die ventrale Seite des Kopfes gerückt. Die dünne Decke des 4. Ventrikels ist infolge der Dickenzunahme der oberflächlichen Schichten nur mehr undeutlich zu erkennen. Von den Kiemenbogen ist der Hyoidbogen der größte; er beginnt den Sinus cervicalis zu bedecken. Die vordere Extremität läßt schon die Hauptabschnitte, Oberarm, Vorderarm und verbreiterte Handplatte erkennen. Die hintere Extremität ist ventralwärts stark abgeknickt und am Ende plattenartig verbreitert. Die Schwanzspitze ist eingerollt. Die überhanfkorngroße Allantois ist reich vaskularisiert.

Stadium 21.

Fig. 21.

Die Rückenlinie des Embryo ist nunmehr durchweg konvex. Das Mittelhirn ragt stark vor. An der hinteren Peripherie des Auges erscheint die erste Anlage des Lidwulstes. Im Bereich des Sinus cervicalis, an dessen Grunde der 3. und 4. Bogen sichtbar sind, ist bereits eine deutliche, vom Hyoidbogen ausgehende Operculumbildung erkennbar. Die 1. Kiemenspalte verschiebt sich auf die Seitenfläche des Kopfes, und die Differenzierung der Ohrhöcker beginnt.

Die vordere Extremität ist in die Länge gewachsen, die Handplatte oval. Die hintere Extremität ist gegenüber dem früheren Stadium wenig verändert.

Der Bulbus cordis ist vom Ventrikel deutlich abgesetzt. Die Allantois ist kleinerbsengroß.

Stadium 22.

Fig. 22 und 22 a.

Der Darmnabel erscheint nahezu geschlossen. Der Rumpf, vor allem das hintere Ende desselben, beginnt rascher zu wachsen als der Kopf. An letzterem ist der seitliche Nasenfortsatz und die Tränennasenfurche sichtbar. Der Lidwulst umfaßt die dorsale Peripherie des Auges. Der äußere Gehörgang ist nach unten abgegrenzt und grübchenartig vertieft. Der Sinus cervicalis ist durch das Operculum bereits fast vollständig gedeckt und erscheint von außen nur mehr als kleines Grübchen. An den Extremitäten ist ein deutliches Längenwachstum zu bemerken, namentlich ist die hintere jetzt stummelförmig mit beginnender Abgrenzung der Fußplatte.

Die Fig. 22 a ist nach einem gleichweit entwickelten, nur unbedeutend größeren Embryo hergestellt. Sie zeigt den relativ weiten Amnionsack und die erbsengroße Allantois, die ein reiches Gefäßnetz trägt und schildförmig mit der (hier abgelösten) Serosa verwachsen ist.

Stadium 23.

Fig. 23.

Der Kopf beginnt im Zusammenhang mit der Ausbildung des Gesichtes sich zu strecken. Der mittlere Nasenfortsatz ist deutlich markiert. Am Auge ist die Linse gegen die Iris scharf abgegrenzt, der Lidwulst umfaßt ungefähr drei Viertel der Peripherie des Auges und ist nur am vorderen unteren Quadranten noch wenig ausgesprochen. Das Colobom und ein gegenüberliegender Streifen der Retina ist noch pigmentfrei. In der Umgebung des vertieften äußeren Gehörganges ist eine Reihe von Ohrhöckern, die den Gang zum Teil überdecken, wahrnehmbar.

Das Operculum des Hyoidbogens legt sich mit seinem freien Rande dem Herzwulst auf. Damit beginnt die Differenzierung des Halses als eines selbständigen Körperteiles. An der Handplatte ist die erste Andeutung der Fingerstrahlenbildung erkennbar; an der hinteren Extremität, welche hinter der vorderen an Länge nur mehr wenig zurücksteht, sind Oberschenkel, Unterschenkel und Fußplatte gesondert.

Stadium 24.

Fig. 24.

Der mittlere Nasenfortsatz beginnt zur Schnabelbildung vorzuwachsen. Die Eingänge in die Riechgruben liegen zu beiden Seiten dieses Vorsprunges. Die Tränennasenfurche ist verschwunden. Das Auge hat an Größe das halbkugelförmige Mittelhirn erreicht. Der Lidwulst verschiebt sich im vorderen oberen Quadranten auf die Konvexität des Bulbus. In der Umgebung des vertieften äußeren Gehörganges ragen namentlich die beiden ventralen Höcker zipfelartig vor. Das Operculum ist von der Gegend der Ohrhöcker bereits entfernt, so daß der Hyoidbogen vollständig in einen dorsalen und in einen ventralen Abschnitt getrennt erscheint. Die beiden Extremitäten sind annähernd gleich lang. An der vorderen sind die Fingerstrahlen gebildet, an der hinteren ist noch eine einheitliche Fußplatte vorhanden.

Stadium 25.

Fig. 25.

Der Hals erscheint noch kurz, ist aber deutlich abgesetzt. Der mittlere Nasenfortsatz springt zapfenförmig vor. An seiner Wurzel findet sich die langgezogene, spaltförmige äußere Nasenöffnung. Das Auge übertrifft an Größe das Mittelhirn und trägt den peripher vom Aequator gelegenen Lidwulst. Der äußere Gehörgang ist nach unten durch einen Wulst begrenzt und von den nunmehr abgeflachten Ohrhöckern umgeben. Das Operculum liegt mit freiem Rande dem kranialen Rumpfende auf. Die hintere Extremität ist länger und kräftiger als die vordere. Beide Extremitätenplatten zeigen deutliche Fingerstrahlenbildung und Einkerbung des freien Randes.

Der Hautnabel läßt eine physiologische Nabelhernie austreten.

Stadium 26.

Fig. 26.

Der Hals ist in die Länge gewachsen und drehrund. Der Oberschnabel ragt frei vor. Der Oberkieferfortsatz ist von den Nasenfortsätzen noch deutlich abgrenzbar. Der Unterkiefer ist gegen die Ohrgegend und gegen den Hals gut abgesetzt. Der äußere Gehörgang bildet ein tiefes Grübchen, in dessen Umgebung noch einzelne voneinander gesonderte Ohrhöcker nachweisbar sind. Das Mittelhirn ist relativ rasch gewachsen. Die Extremitäten weisen in ihrer Entwicklung keine wesentlichen Fortschritte auf.

An der Schwanzwurzel sind 2 wulstförmige Kloakenlippen und zwischen denselben ein freier Geschlechtshöcker aufgetreten.

Stadium 27.

Fig. 27.

Der Oberschnabel ist hakenförmig nach abwärts gekrümmt, an seiner Basis liegt die äußere Nasenöffnung. Die Grenzen zwischen den beiden Nasenfortsätzen und dem Oberkieferfortsatz sind nahezu verstrichen. Der Unterkiefer gewinnt eine nach vorn gerichtete Spitze, doch ist er im ganzen noch plump und breit. Der äußere Gehörgang ist halbmondförmig, mit dorso-rostral gerichteter Konkavität, und hinten von einem Wall umgeben. Der Lidwulst wird scharfrandig; zwischen ihm und dem Auge tritt der Conjunctivalsack auf. Die Linse drängt sich durch das verkleinerte Pupillarloch vor. Der freie Rand des Operculums ist noch deutlich sichtbar.

Der Herzwulst tritt in seiner Entwicklung gegenüber der der Bauchregion allmählich zurück, ragt aber vorläufig noch über dieselbe hinaus. An der Wurzel der vorderen Extremität differenziert sich die Schultergegend. An der Handplatte markiert sich der Daumen. Die hintere Extremität ist kräftiger als die vordere.

Stadium 28.

Fig. 28.

Der Hals ist länger und schlanker geworden und gestattet infolgedessen eine gewisse Beweglichkeit des Kopfes. Ober- und Unterschnabel sind vorgewachsen. An der ventralen Kante des Oberschnabels erscheint eine Zacke an der ehemaligen Grenze des Oberkieferfortsatzes. Die Zungenspitze ragt frei zwischen die geöffneten Kiefer. Der Mundwinkel reicht bis in die Verlängerung des Coloboms. Die Nasenöffnungen rücken an die dorsale Seite des Schnabels. Die Augen überragen das Gehirn beträchtlich nach vorn. An ihrer vorderen Peripherie markiert sich einwärts vom Lidwulst die Anlage der Nickhaut. Auf der Cornea treten im kaudalen Teile Höcker auf. Der äußere Gehörgang rückt von hinten dicht an das Auge heran. Das Operculum ist angewachsen, sein freier Rand noch als Linie erkennbar. Der Herzwulst tritt gegenüber dem Bauch, aus welchem sich die Nabelhernie vorwölbt, zurück. Die Handplatte ist zugespitzt, deutlich 3-strahlig. Der 2. Fingerstrahl ist stärker und länger als die beiden anderen. Die hintere Extremität ist länger als die vordere, der Oberschenkel gegen den Rumpf noch nicht vollkommen abgegrenzt. Die Metatarsalregion ist vom Unterschenkel differenziert, die Fußplatte ist noch 3-strahlig, in der Mitte gleichfalls etwas zugespitzt, mit tiefen Gruben zwischen den Strahlen.

Stadium 29.

Fig. 29 und 29a[1].

Die beiden Augen sind schon ganz aneinander gerückt und überlagern die Schnabelwurzel; auch die Hemisphären treten nur mehr wenig zwischen ihnen hervor. An der ventralen Seite der Schnabelspitze erscheint vor der beim vorigen Stadium erwähnten, noch erkennbaren Zacke ein medianer papillenartiger Vorsprung. Auf der Cornea treten einzelne im Kreis geordnete Höcker auf. Der äußere Gehörgang ist trichterförmig mit nach vorn und innen gerichtetem Ende. Am Rumpf sind die Wirbelgrenzen von außen nicht mehr kenntlich. Der Herzwulst wird von der Lebergegend überragt. Vom freien Rande des Operculums sind noch Spuren zu sehen. Der 2. Fingerstrahl ist viel massiger als die anderen. Der Oberschenkel verdickt sich und grenzt sich gegen den Rumpf ab. Die Ränder der Hand- und Fußplatte sind entsprechend den Fingerstrahlen gekerbt. Am tibialen Rande der Tarsusgegend bildet die Großzehenanlage einen niedrigen Vorsprung. An der Seitenfläche des Steißes werden die ersten gesonderten Federanlagen wahrnehmbar.

Stadium 30.

Fig. 30 und 30a.

Der Unterschnabel ist etwas länger als der Oberschnabel. Auf dem letzteren erscheint die Anlage des Eizahnes. Die äußere Nasenöffnung liegt auf dem Schnabelrücken. Auf der Cornea zeigen sich im Kreis gestellte Höcker. Die Nickhaut ist gut abgrenzbar. Einwärts von der dorsalen Peripherie des Lidwulstes findet sich eine einfache, kontinuierliche Reihe von Federanlagen. In der Bauchgegend wölbt sich die physiologische Nabelhernie stark vor. Der Daumen beginnt frei vorzuwachsen, der 2. Fingerstrahl ist besonders kräftig. Der Oberschenkel hat an Masse bedeutend zugenommen, die Enden der 4 Zehen ragen über den Rand der Fußplatte vor. Die Schwanzspitze ist in ein fadenförmiges Ende ausgezogen.

Stadium 31.

Fig. 31 und 31a.

Das Auge ist stark über die Schnabelwurzel vorgewölbt. Das Colobom ist als lichter Streifen noch schwach sichtbar. Der Schnabel selbst ist an seinem Ende ventralwärts abgebogen. Dorsal vom Auge sind 3 Reihen, kaudal von ihm ist eine Reihe von Federanlagen ausgebildet. Der äußere Gehörgang ist relativ weit, von einem halbmondförmigen Wulst umgeben, und zeigt an seinem Grunde das Trommelfell, in dessen Mitte das distale Ende der Columella sichtbar wird. Am Rumpf sind Brust- und Bauchwand von außen nicht mehr zu sondern. An der vorderen Extremität sind die Finger frei, der 2. stark verlängert. An der hinteren Extremität sind 4 freie Zehen vorhanden. Gesonderte Federanlagen finden sich längs der Wirbelsäule vom Hals bis zum Steiß, vorn auf der Brust, dann auf der Schulter, dem Oberschenkel und der Seitenfläche des Steißhöckers.

Stadium 32.

Fig. 32.

Der Hals ist lang und dünn. Die äußere Nasenöffnung ist nahezu auf die Mitte des Schnabels vorgerückt; der Oberschnabel trägt einen deutlichen Eizahn. Die Lidspalte ist oval, der Cornealrand und der Irisrand sind erkennbar. Die Nickhaut reicht bis an den Cornealrand. Die Cornealhöcker sind verschwunden. Dorsal vom Auge finden sich zahlreiche Reihen von Federanlagen; zwischen Auge und Ohr

[1] Fig. 29a ist nach einem zweiten Individuum derselben Entwicklungsstufe angefertigt.

sind 3 Reihen nachweisbar. Der äußere Gehörgang ist oval, deutlich vertieft, am Grunde sind das Trommelfell und die Columella sichtbar. An der vorderen Extremität sind der 2. und 3. Finger bereits vereinigt, der Daumen frei. An der hinteren Extremität sind 3 lange Zehen mit Abgliederung der Endphalange und eine kurze, plantarwärts gerichtete Zehe vorhanden. In der eröffneten Nabelhernie ist eine Darmschlinge sichtbar. Die Federanlagen breiten sich über das Hinterhaupt, den Rücken, den Steiß, die Schultergegend, den Oberschenkel, die proximale Hälfte des Unterschenkels, die ulnare Kante des Vorderarmes und der Hand, sowie über die Vorderseite des Halses und des Rumpfes und den vorderen Axillarrand aus. Einzelne von den Federanlagen sind bereits zu langen Papillen ausgewachsen.

Stadium 33.

Fig. 33.

Durch das starke seitliche Ausladen der Augen ist der Kopf auffallend breit. Am Mundwinkel ist es zur Entwicklung der Atzfalte (Schnabelwulst nach HEINECKE 1897) gekommen. Die Cornea ist halbkugelig vorgewölbt, die Nickhaut schiebt sich über den Cornealrand. Am Ober- und Unterlid treten Federanlagen auf. Der vertiefte und von der kaudalen Seite her durch eine halbmondförmige Falte überwölbte äußere Gehörgang ist von einem geschlossenen Kreis von Federanlagen umgeben. An der vorderen Bauchwand ist die in einen Bruchsack eingeschlossene, deutlich abgesetzte Nabelhernie auffallend. Die Schwanzgegend ist gegen den Rumpf deutlich begrenzt und hat die für den Vogel charakteristische Steißform angenommen. Die hinteren Extremitäten sind lang und sehr kräftig. Die Federanlagen haben sich auch auf die Schulterhöhe, die Vorderfläche der Schultergegend und den Oberarm ausgedehnt. Auch am Vorderarm und am Daumen, sowie am 2. und 3. Finger stehen sie in mehreren Reihen. Besonders am Oberschenkel und am Steiß sind die Federanlagen bereits zu Dunen ausgewachsen und hier auch schon schwarz pigmentiert. Am Daumen und an den Zehen sind Krallenanlagen aufgetreten.

Vorbemerkungen zu den Tabellen.

Die Tabellen sind im allgemeinen nach dem von KEIBEL aufgestellten Schema angelegt. Neue Rubriken wurden nur für das „Cölom" und für den „Vergleich mit dem Huhn", der auf Grund der KEIBELschen Normentafel vorgenommen wurde, aufgestellt. Die von KEIBEL verwendete Rubrik „Anmerkung" konnte entfallen, da die Fixierung und Nachbehandlung bei allen Embryonen dieselbe war.

Bezüglich der Längenangaben in Rubrik 2 ist zu bemerken, daß die Maße der abgebildeten Embryonen durchwegs am Objekt selbst in Alkohol gewonnen wurden. Nur die nicht abgebildeten eingeschalteten Stadien wurden zumeist nicht vorher gemessen, sondern es wurde ihre Länge nach der Schnittzahl und der Schnittdicke ohne Berücksichtigung der Schrumpfung im Paraffin bestimmt. Nach Eintritt der Embryonalkrümmung ist die bloße Bestimmung der größten Länge nicht ausreichend; daher wurden daneben immer noch andere Maße namentlich am Kopfe, genommen. Meist wurde auch eine Schätzung der Gesamtlänge des Embryo im gestreckten Zustand beigefügt.

Die abgebildeten Embryonen sind mit fettgedruckten Ziffern und mit denselben Nummern bezeichnet wie die zugehörigen Figuren der Tafeln. Die nicht abgebildeten Embryonen sind mit klein gedruckten Ziffern und einem angefügten A, B etc. versehen.

Bez.	Maße	Körperform	Primitivstreifen	Urwirbel	Cölom	Chorda	Nervensystem
1 Tafel I und II.	Größte Länge des Embryonalschildes 2 mm. Nach der Schnittzahl ca. 1,6 mm. Primitivstreifen 1,1 mm, nach den Schnitten 0,9 mm. Schnittdicke 20 μ. Wurde mit einem Stück Dotterunterlage geschnitten.	Embryonalschild eiförmig mit zugespitztem hinterem Ende. Deutlich sichtbarer Dotterwall. Der als Sichelrinne erscheinende dunkle Bezirk am Ende des Primitivstreifens ist durch die Subgerminalhöhle bedingt.	Ekto- und Entoderm miteinander verwachsen. Mesoderm wächst seitlich aus. Primitivrinne am Schnitt nicht nachweisbar. Im Bereich des Embryonalschildes hohes mehrschichtiges Ektoderm.				
2 Tafel I.	Länge des Embryonalschildes 1,8 mm. Primitivrinne 0,8 mm. Schnittdicke 10 μ.	Embryonalschild eiförmig. Am hinteren Ende der Primitivrinne keine Primitivgrube, sondern ein durch die Subgerminalhöhle bedingter dunkler Fleck.	Hinter der Primitivrinne noch ein Primitivstreifenstück ohne Rinne von ca. 0,5 mm. Primitivrinne 0,8 mm. Kopffortsatz ca. 0,1 mm, davon die Hälfte noch mit dem Ektoderm verlötet, aber scharf abgegrenzt. Kein Chordakanal.		Mesoderm noch ungespalten.		
3 Tafel I und II.	Länge der dotterfreien Zone ca. 2,5 mm. Länge der Embryonalanlage ca. 2,5 mm. Schnittdicke 5 μ.	Kopfende noch nicht abgehoben. Medullarwülste und Medullarrinne angelegt. Primitivstreifen deutlich, Primitivrinne läßt die beiden Enden des Primitivstreifens frei.	Primitivrinne ca. 1050 μ. Länge des Kopffortsatzes und der Chorda 650 μ.		Mesoderm ungespalten.	Als centrale rundliche Verdichtung des Kopffortsatzes seitlich nicht scharf gegen das Mesoderm abgegrenzt. Vorn mit dem Entoderm verbunden. Vordere Oeffnung sowie streckenweise Lumen des Chordakanales nachweisbar. Hintere Oeffnung undeutlich.	Medullarrinne ca. 150 μ lang, in der Mitte vertieft.
4 Tafel I und II.	3 mm gr. L. Schnittdicke 5 μ.	Kopf beginnt in das Proamnion einzusinken. Medullarwülste auf eine kurze Strecke aneinandergelegt. Primitivrinne im vorderen Abschnitt tief. Kopf auf 140 μ abgehoben.	935 μ lang. Am kranialen Ende zeigt der Primitivstreifen in der Länge von 180 μ eine tiefe scharfrandige Rinne. Von da an wird dieselbe kontinuierlich seichter.	Ein Urwirbel.	Erstes Auftreten der Leibeshöhle einseitig nachweisbar.	Vorn mit dem Entoderm in Zusammenhang.	Medullarrinne vorn tief, überall offen, hinten seichter und breiter.
4 A	3 mm. 512 Schnitte. Schnittdicke 5 μ.	Medullarwülste im Bereiche des Zwischenhirns bis zur Berührung genähert. Mittelhirn als Verbreiterung angelegt. Beiderseits 4 Urwirbel, der 1. vorn nicht scharf begrenzt. Medullarlippen unregelmäßig wellig. Kopfende auf 270 μ abgehoben.	ca. 1050 μ. Primitivrinne vorn tief und breit, mit etwas vorgewölbtem Boden, nach hinten allmählich abflachend, aber bis fast an das Ende des Streifens reichend.	4. Der 1. beiderseits, aber namentlich rechts gegen das Kopfmesoderm nicht scharf begrenzt.	Leibeshöhlen in der Region des Herzens deutlich weiter als sonst, noch mit Ausbuchtungen und Septen versehen.	Vorn mit Entoderm verwachsen.	Medullarlippen in der Strecke von 85 μ aneinander gelegt, aber nicht verschmolzen. Medullarrinne nach rückwärts zur Medullarplatte verflachend. Keine deutliche Ganglienleiste.

Darm und Drüsen	Urogenitalsystem	Gefässsystem und Milz	Extremitäten	Integument	Skelett	Amnion	Allantois	Vergleich mit dem Huhn
		Noch keine Blutanlagen.						Jünger als Keibel N.T. No. 1. Etwa entsprechend Fig. 2 oder 3.
		Noch keine Blutanlagen.						Entsprechend etwa Keibel N.T. No. 1a, Fig. 4, aber ohne Blutanlagen.
Keine vordere Darmbucht.		**Erste** Gefässanlagen im Fruchthof.				**Proamnion zweiblätterig. Stellenweise loses Zellmaterial zwischen den Blättern.**		**Entspricht beiläufig Keibel N.T. No. 2a, jünger als Fig. 6. Unterschied hauptsächlich Auftreten des Chordakanales.**
Länge der vorderen Darmbucht 95 μ.		Im Fruchthof deutliche Gefässanlagen. Herz noch vollständig gefässlos.				**Proamnion vor dem Kopf durchwegs zweiblätterig, an einzelnen Stellen zwischen den Blättern Zellhaufen.**		Entspricht beiläufig Keibel N.T. No. 3, Fig. 6.
Vordere Darmbucht 150 μ, ganz vorn zweizipflig mit paarigem Lumen.		**Einzelne Herzendothelien?**				**Proamnion zweiblätterig.**		**Entspricht beiläufig Keibel N.T. No. 9, Fig. 8.**

Bez.	Maße	Körperform	Primitivstreifen	Urwirbel	Cölom	Chorda	Nervensystem	Auge
5 Tafel I.	2½ mm gr. L. Schnittzahl 510. Schnittdicke 5 μ.	Offene Medullarrinne. Medullarwülste vorn aneinander gelegt, dahinter etwas unregelmäßig, wellig; Kopf über dem Proamnion emporragend. Im Primitivstreifen zwei getrennte Anteile der Medullarrinne sichtbar. Kopf auf 490 μ abgehoben.	ca. 750 μ. Primitivrinne besteht aus einem etwa 100 μ langen, tiefen vorderen Abschnitt, der bis in die Chordaanlage eindringt, und einem rückwärtigen 200 μ langen Abschnitt mit Dotterpfropf.	4. Der 1. vorn undeutlich abgegrenzt. Im auffallenden Licht am gefärbten Präparat nicht sichtbar.	Leibeshöhlen in der Herzgegend deutlich aufgetrieben.	Vorn mit dem Entoderm im Zusammenhang.	Offene Medullarrinne. Die Medullarfalten stellenweise einander stark genähert. Erste Anlage der Ganglienleiste.	
6 Tafel I und II.	3,2 mm gr. L. 640 Schnitte. Schnittdicke 5 μ.	Kopfende über das Proamnion vorragend. Medullarwülste im Zwischenhirnbereich aneinander gelegt. Mittel- und Hinterhirnbläschen als Erweiterung der Medullarrinne angelegt. Primitivrinne nur im vordersten Teile tief. Kopfende auf 150 μ abgehoben.	ca. 900 μ. Primitivrinne auf ca. 200 μ vorhanden, im kranialen Stück tief, dann verflachend.	4 links, der 1. vorn nicht begrenzt. 5 rechts, der 1. etwas kleiner, vorn und hinten nicht scharf abgrenzbar.	Leibeshöhlen in der späteren Herzgegend im Querschnitt kreisrund und erweitert.	Vorn mit dem Entoderm in Zusammenhang.	Offene Medullarrinne, keine Ganglienleiste.	Keine Augenblasen.
6A	2,7 mm gr. L. nach der Schnittzahl. 567 Schnitte. Schnittdicke 7 μ.	Kopfende auf 280 μ abgehoben.	ca. 700 μ lang.	5. Der letzte nicht scharf abgrenzbar.	Leibeshöhlen ballonförmig aufgetrieben.	Vorn mit dem Entoderm in Zusammenhang.	Medullarrohr der ganzen Länge nach offen. In der Region des zukünftigen Mesencephalon die Medullarwülste stark genähert.	Keine Augenblasen.
7 Tafel I.	3 mm gr. L. 600 Schnitte. Schnittdicke 5 μ.	Kopfende abgehoben (auf 390 μ). Medullarwülste größtenteils aneinander gelegt, rückwärts um den Primitivstreifen auseinanderweichend. 2 Hirnbläschen angedeutet.	ca. 950 μ lang. Primitivrinne tief, an einzelnen Stellen einseitig abgewichen, stellenweise an der Basis gespalten (Dotterpfropf).	5 Urwirbel.	Leibeshöhlen in der späteren Herzgegend aufgetrieben.	Vorn mit dem Entoderm verwachsen.	Medullarrinne durchwegs offen, kaudal deutlich verbreitert, keine Ganglienleiste. Die Medullarwülste reichen bis in das Gebiet des Primitivstreifens.	Nicht angelegt.
7A	Nach der Schnittzahl ca. 2,4 mm. 447 Schnitte. Schnittdicke 5 μ.	Kopfende 290 μ weit abgehoben.	800 μ lang. Primitivrinne auf 130 μ tief, dann verflachend, im kaudalen Teil wieder etwas vertieft.	Beiderseits 5 Urwirbel, ein 6. in Abgliederung. Der 1. vorn nicht scharf begrenzt.	In der Herzgegend aufgetrieben.	Mit Entoderm im Zusammenhang.	Medullarrinne noch durchwegs offen. Ganglienleiste streckenweise angedeutet.	Primäre Augenblasen angelegt.
7B	Nach der Schnittzahl 3,3 mm. 519 Schnitte. Schnittdicke 6 μ.	Kopf auf 514 μ abgehoben.	Von der Abknickung der Chorda an 600 μ. Primitivrinne am Anfang auf 60 μ tief. Davor auf 2 Schnitten ein Chordalumen. Im kaudalen Teil des Primitivstreifens Rinne wieder etwas tiefer.	7. Der 1. vorn nicht begrenzt. Ein 8. im Beginn der Abgliederung.	In und vor der Herzgegend stark aufgetrieben.	Vorn mit dem Entoderm verwachsen.	Medullarrohr auf 900 μ geschlossen, vom Ektoderm noch nicht abgelöst. Medullarrinne am kaudalen Ende stark verbreitert. Mesencephalon als Bläschen angelegt. Ganglienleiste sehr deutlich.	Primäre Augenblasen.

[illegible]	Darm und Drüsen	Urogenitalsystem	Gefäßsystem und Milz	Extremitäten	Integument	Skelett	Amnion	Allantois	Vergleich mit dem Huhn
	Länge der vorderen Darmbucht 320 μ.		Vereinzelte Herzendothelien. Gefäße im Fruchthof.				Im Proamnion kein Zellmaterial zwischen den Blättern.		Entspricht ungefähr KEIBEL N.T. No. 7, 8, bzw. Fig. 7.
	Vordere Darmbucht 210 μ lang, vorn zweiteilig. Lumen paarig.		Vereinzelte Herzendothelien. Blutinseln.				Proamnion zweiblätterig, mit Zellen dazwischen. Keine Amnionfalten.		Entspricht etwa KEIBEL N.T. No. 8 und 9, Fig. 8.
	Vordere Darmbucht 217 μ.		Keine Gefäße im Embryo. Erste Anlage von Gefäßen im Fruchthof.				Kopf in das Proamnion eingesunken.		
	Vordere Darmbucht 215 μ.		Einzelne Herzendothelien. Blutinseln im Fruchthof.				Proamnion zweiblätterig, mit einzelnen Zellbrücken und freien Zellen zwischen den Blättern. Keine Kopfkappe.		Entspricht etwa KEIBEL N.T. No. 10 und 11.
	Vordere Darmbucht 270 μ.		Herzendothelien deutlich, streckenweise schon mit Lumen.						Entspricht etwa KEIBEL N.T. No. 10–12.
	Vordere Darmbucht 670 μ.	Vom 7. bis zum künftigen Ende des 9. Urwirbels Anlage der Vorniere.	Paarige Herzendothelrohre stellenweise in Berührung. Aorta bis zur Art. omphalomesenterica verfolgbar, streckenweise solid.						Entspricht etwa KEIBEL, N.T. No. 16 und 17.

Maße	Körperform	Primitivstreifen	Urwirbel	Cölom	Chorda	Nervensystem	Auge	Ohr	Nase	Hypophyse
3½ mm gr. L. Schnittdicke 5 µ.	Medullarrinne vorn geschlossen, im Hinterhirn und Rückenmark offen. Vorder- und Mittelhirnflächen abgrenzbar. Proamnion deutlich, dahinter Leibeshöhle blasenförmig aufgetrieben. 8 Urwirbel. Im Primitivstreifen vorn eine tiefe Grube. Kopfende 710 µ abgehoben.	Ca. 900 µ von der Abgangsstelle der Chorda an. Primitivrinne anfänglich sehr tief, bis in die Chordaanlage einschneidend, dann fast ganz verstreichend, dann wieder tiefer.	**8 Urwirbel.**	Seitlich ballonförmig aufgetrieben.	Vorn mit dem Entoderm **in Zusammenhang.**	Neuroporus anterior noch dorsalwärts reichend, Medullarwülste vorn durchwegs aneinander gelegt, in der Mittelhirngegend auf eine Strecke von 300 µ verschmolzen, aber nicht vom Ektoderm abgelöst. Ganglienleiste noch durchwegs in Zusammenhang mit der Naht. Medullarrinne weiter hinten auffallend breit.	**Primäre Augenblasen.**			
Gr. L. nach den Schnitten, 212 Schnitte. Schnittdicke 6 µ.	Kopfende 398 µ abgehoben.	520 µ lang von der Abgangsstelle der Chorda an. Im Anfangsteil tiefe Primitivrinne, dahinter Rinne ganz flach.	**5. Der 1. vorn nicht scharf abgegrenzt.**	**Ballonförmig aufgetrieben.**	Vorn **mit** dem Entoderm **in** Zusammenhang.	Medullarrohr auf 520 µ vom Ektoderm abgelöst. Neuroporus anterior spaltförmig. Medullarrinne eng, nur knapp vor dem Primitivstreifen stark verbreitert.	**Primäre Augenblasen.**	**Noch keine Hörplatten.**		
3.75 mm gr. L. Schnittzahl 682. Schnittdicke **5 µ.**	Hirnrohr geschlossen, 2 Hirnbläschen, Auge nicht abgesetzt. Medullarlippen im Rückenmarksbereich aneinander gelegt. 10 Urwirbel sichtbar. Seitliche Leibeshöhlenblasen **groß.** Kopfende **525 µ** abgehoben.	Ca. 900 µ von der Ablösung der Chorda an. Die ersten 200 µ liegen zwischen den Medullarwülsten und weisen eine tiefe, bis in die Chordaanlage reichende Primitivrinne auf. Diese verschwindet von da **ab** plötzlich.	10 Urwirbel, der letzte kaudalwärts nicht abgegrenzt.	**Extra**embryonale Leibeshöhle groß, ballonförmig aufgetrieben, reicht nach vorn bis an das rostrale Ende des Embryo, verengert sich in der Region des letzten Urwirbels.	**Vorn** mit dem Entoderm in **Zusammenhang.**	Neuroporus anterior basal offen. Dorsal davon deutliche Naht. Vorderes Ende zum Prosencephalon verbreitert. Auf einzelnen Schnitten vom Ektoderm abgelöst. In der Region des Mesencephalon deutliche Naht, weiter hinten verschwindet dieselbe. In der Höhe des letzten Urwirbels öffnet sich das Medullarrohr, die Medullarrinne wird sehr breit. Ganglienleiste vorhanden.	**Primäre Augenblasen.**	**Keine Hörplatte.**		
4 mm gr. L. Schnittzahl 800. Schnittdicke 5 µ.	**Hirnrohr geschlossen; am Nachhirn Neuromeren. Beginnende Abschnürung der Augenblasen vom Gehirn, Hörgrübchen sichtbar. 13 Urwirbel. Geringer Rest des Primitivstreifens. Herzschlauch schwach S-förmig gekrümmt. Kopfkappe des Proamnion bedeckt fast das ganze Zwischenhirn. Kopfende 715 µ abgehoben.**	**Ca. 600 µ.**	13 Urwirbel, der **1.** vorn nicht scharf begrenzt.	Leibeshöhlen **stark** aufgetrieben. Kopfhöhlen kaudal vom 1. Aortenbogen nachweisbar. Beginnende Abgrenzung von extra- und intraembryonaler Leibeshöhle.	**Vorn** mit **dem** Entoderm in **Zusammenhang.**	Vorderer Neuroporus an der ventralen Hirnseite noch offen. Medullarrohr bis nahe an den Primitivstreifen geschlossen und vom Ektoderm abgelöst. Vorder- und Mittelhirn begrenzbar. Andeutung der Abgliederung des Nachhirns, aber noch keine Verdünnung seiner Decke. Ganglienleiste zwischen Trigeminus und Facialis unterbrochen, ebenso zwischen Acusticum und Vagusgruppe. Spinalganglien beginnen sich zu isolieren.	**Primäre Augenblasen.**	**Hörplatte beginnt einzusinken.**		
Nach der Schnittzahl 4.2 mm. 352 Schnitte. Schnittdicke 7 µ.	Kopfende auf 580 µ abgehoben.	**350 µ lang. Deutliches Chordalumen, 230 µ lang. Eingang in dasselbe von den sich berührenden Medullarwülsten überwölbt.**	**14 Urwirbel.**	Abgrenzung der extra- **und intraembryonalen Leibeshöhle.**	Wie **bei** 10.	Neuroporus anterior spaltförmig, ventral gelegen, 90 µ lang. Medullarrohr bis in die Nähe des Primitivstreifens geschlossen. Ganglienleiste **vorhanden.**	**Primäre Augenblase mit Stiel.**	**Hörplatte in der Mitte etwas vertieft.**		

Mund	Kiementaschen und Derivate, Respirationstractus	Darm und Drüsen	Urogenitalsystem	Gefässsystem und Blut	Extremitäten	Integument	Skelett	Amnion	Allantois	Vergleich mit dem Huhn
		Vordere Darmbucht 500 μ.		Paarige Herzanlage, keine Aorten, Gefässe im Fruchthof.				Proamnion scharf abgegrenzt.		Cf. Fig. 9, No. 16 und 17 der Keibelschen N.T. [illegible] geringere Grösse des Embryo, Ausbildung der Leibeshöhlen, Breite der Medullarrinne.
		Vordere Darmbucht 576 μ.		[illegible] Wand in Vereinigung. Endothelrohre des Herzens noch getrennt. Aorten bis zur A. omphalomesenterica vorhanden.				Kopf ist in das Proamnion eingesenkt.		**Entspricht etwa Keibel N.T. No. 16 und 17.**
	Pharynx stark verbreitert, ohne abgrenzbare Ausstülpungen.	**Vordere Darmbucht 690 μ.**	Vom hinteren Ende des 6. bis zum Ende des 10. Urwirbels Vornierenanlage. Kein Vornierengang.	Paarige Herzanlagen kommunizieren nur auf einigen Schnitten. [illegible] geschlossen. Ein Aortenbogen. Paarige dorsale Aorten bis zur Anlage der A. u. V. omphalomesenterica vorhanden.				Proamnion scharf abgegrenzt.		**Entspricht etwa Keibel N.T. No. 18, Fig. 10.**
Rachenhaut 250 μ lang.	1. Kiementasche erreicht das Ektoderm.	**Vordere Darmbucht 940 μ.**	**Vornierenrudimente vom 6. bis in die Gegend des 11. Urwirbels. Wolffscher Gang reicht vom 10. Urwirbel bis um etwas mehr als Urwirbelbreite in das ungegliederte Mesoderm.**	**Herzschlauch einfach, schwach gekrümmt, ein Aortenbogen. Beiderseits Inselbildung in der Aorta ventralis. Dorsale Aorten sehr weit. Keine Blutkörperchen im Herz und Aorta, aber im Fruchthof.**				Kopf auf etwa 250 μ vom Proamnion bedeckt und in dasselbe eingesenkt.		**Keibel N.T. No. 23 und 23a. Kopf auf grössere Strecke abgehoben. Urnierengang beginnt weiter kaudalwärts.**
Rachenhaut 150 μ lang.	1. Tasche erreicht das Ektoderm. 2. Tasche angelegt.	Vordere **Darmbucht 750 μ lang.**	**Wolffscher Gang vom 9. bis 14. Urwirbel nachweisbar.**	**Herzschlauch etwas asymmetrisch. Aorta ascendens paarig. Ein Aortenbogen**				Amnion-Kopfkappe reicht auf 185 μ den Kopf. [illegible]		**Entspricht etwa Keibel N.T. No. 23 und 23a. Unterschied betrifft hauptsächlich die Verhältnisse am Primitivstreifen.**

Ser.	Maße	Körperform	Primitivstreifen	Urwirbel	Cölom	Chorda	Nervensystem	Auge	Ohr	Nase	Hypophyse
10 B	Nach der Schnittzahl 4,8 mm, [illegible] Schnitte. Schnittdicke 7 μ.	Kopfende auf die rechte Seite gedreht, auf 550 μ frei. Kopfbeuge deutlich.	620 μ lang. [illegible] auf 90 μ nachweisbar, dahinter Chordaanlage geteilt.	19 Urwirbel.	Sehr große Kopfhöhlen. Leibeshöhlen bläschenförmig.	Vorn mit [illegible] umgebogen, endet mit einer Anschwellung.	Neuroporus anterior und posterior geschlossen. Telencephalon sehr klein. Decke des Rhombencephalon verdünnt. Neuromeren angelegt. Trigeminus- und Facialis-Acusticumganglion differenziert.	Primäre Augenblasen, Opticus stark verschmälert. Linsenplatte.	Hörgrübchen tief eingesunken.		Eben angelegt.
10 C	4,6 mm nach der Schnittzahl. 930 Schnitte. Schnittdicke 5 μ.	Kopf etwas nach rechts gedreht, Kopfbeuge. Kopf auf 875 μ abgehoben.	Ca. 400 μ lang. Canalis neurentericus auf 50 μ offen.	19. Ein 20. nach hinten nicht abgrenzbar.	Ductus pleuropericardiaci gebildet. Pericarddivertikel reicht in den Mandibularbogen. Kopfhöhlen vielfach gebuchtet.	Vorn in Ablösung begriffen. Zu beiden Seiten des Canalis neurentericus paarig.	3 Hirnblasen, Scheitelbeuge, Mesencephalon röhrenförmig.	Primäre Augenblase dem Ektoderm eng anliegend. Keine deutliche Linsenplatte.	Flache, weit offene Ohrgrube mit hohem Epithel.		Erste Anlage fraglich.
11 Tafel 1.	4,1 mm gr. L. 728 Schnitte. Schnittdicke 5 μ.	Kopf stark nach rechts gedreht. Kopf auf 840 μ frei.	Primitivstreifen ca. 380 μ lang. Keine freie Schwanzknospe, Canalis neurentericus durchgängig. Kein Chordalumen.	21. Der letzte kaudal nicht deutlich abgegrenzt.	Ductus pleuropericardiaci abgegrenzt, Kopfhöhlen weit. Extraembryonales Cölom weit.	Vorn frei, hinten paarig.	3 Hirnblasen abgegrenzt, starke Scheitelkrümmung. Medullarrohr geschlossen.	Primäre Augenblase. Linsenplatte.	Hörgrübchen weit offen.		Flache Hypophysenbucht.
12 Tafel 1.	5½ mm gr. L. [illegible] Schnitte. Schnittdicke 5 μ.	Augen und Hörbläschen sichtbar. Scheitelkrümmung deutlich, Amnion reicht bis zur Mitte des Körpers. Vom Primitivstreifen geringer Rest sichtbar. Ca. 20 Urwirbel. Kopf und Herzschlauch tief in den Dotter eingesunken. Kopf nach rechts gedreht, auf 1370 μ abgehoben.	Die Verschmelzung der 3 Keimblätter beginnt 115 μ vor dem Schwanzende. Canalis neurentericus durchgängig. Vor demselben die Chorda auf 55 μ rinnenförmig, von dem Entoderm nicht abgelöst; noch weiter vorn Lumen in der Chorda, ohne Zusammenhang mit der Rinne.	20. Ein 21. nach hinten nicht abgrenzbar. Urwirbelhöhle spaltförmig.	Extraembryonal sehr weit. Mesocardium laterale vorhanden. Ductus pleuropericardiaci offen. Pericardialhöhle in den 1. Branchialbogen fortgesetzt, große Kopfhöhlen, vielfach gebuchtet.	Vorn frei.	Prosencephalon, Mesencephalon und Rhombencephalon abgegrenzt. Decke des letzteren sehr dünn. Scheitelkrümmung scharf. Medullarrohr geschlossen. Spinalganglien beginnen sich abzugliedern.	Primäre Augenblase dem Ektoderm eng anliegend, dieses zur Linsenplatte verdickt.	Weit offene tiefe Hörgruben.		Kleine Hypophysenbucht.
12 A	Gr. L. nach der Schnittzahl 5,9 mm. 518 Schnitte. Schnittdicke 7,5 μ.	Kopf und Herz gedreht. Kopf auf 1900 μ frei. Freie Schwanzspitze auf 60 μ.	Schwanzspitze nicht differenziert, kein eigentlicher Primitivstreifen. Chordaende enthält ein 70 μ langes Lumen, welches mit dem Canalis neurentericus, aber nicht mit dem Darm kommuniziert.	25 Urwirbel.	Kopfhöhlen groß. Im Mandibular- und weniger deutlich im Hyoidbogen branchiales Mesoderm, streckenweise mit Lumen.		Keine Hemisphären. Hinterhirnneuromeren deutlich. Dach der Rautengrube sehr dünn. Ende des Zentralkanales sehr unregelmäßig. Deutliche Plakoden der Hirnnerven.	Sekundäre Augenblase. Linsenbläschen weit offen, leer.	Tiefes offenes Grübchen.	Riechplatte.	Offene Tasche.

Mund	Kiementaschen und Derivate, Respirationstractus	Darm und Drüsen	Urogenitalsystem	Gefäßsystem und Blut	Nervensystem	Integument	Skelett	Amnion	Allantois	Vergleich mit dem Huhn
Mundbucht angelegt.	2 Spalten epithelial verschlossen. Anlage der 3. erreicht nicht das Ektoderm.	**Vordere Darmbucht 1015 μ.**	Vornierenkanälchen vom [illegible] Urwirbel. Beginn des Ganges am [illegible] Urwirbel. Gang bis 330 μ in das unsegmentierte Mesoderm verfolgbar.	Herz mit dem Kopf [illegible], S-förmig gekrümmt. 2 Aortenbogen.				[illegible]	[illegible]	Entspricht etwa Keibel N.T. No. 33 und 33a.
Ganz flache Mundbucht.	1. und 2. Tasche erreichen das Ektoderm.	**Vordere Darmbucht ca. 900 μ.**	**Wolffscher Gang beginnt ca.** in der **Höhe des 9.** Ur**wirbels, reicht** bis **in das ungegliederte Mesoderm.**	1. Aortenbogen weit, 2. Aortenbogen noch unvollständig.				Reicht bis zum 5. Urwirbel.	Nicht vorhanden.	**Entspricht etwa Keibel N.T. No. 32 und 32a, doch ist das Medullarrohr schon geschlossen.**
Seichte Mundbucht.	1. und 2. Tasche berühren das Ektoderm, 3. angelegt.	**Vordere** Darm**bucht 835 μ** lang.	Vornierenanlage vom 6. Urwirbel an. Wolffscher Gang beginnt in der Höhe des 11. Urwirbels und reicht bis in das unsegmentierte Mesoderm.	Endocard liegt dem Myocard nicht an. Keine Semilunarklappen. 2 Aortenbogen.				**Bis zum 5. Urwirbel reichend.**	Ca. 50 μ lange Bucht hinter dem Canalis neurentericus.	**Entspricht etwa Keibel N.T. No. 33 und 37a, zwischen Fig. 14 und 15.**
Mundbucht seicht, Rachenhaut.	1. und 2. Schlundtasche erreicht das Ektoderm. 3. Schlundtasche angelegt.	Vordere **Darm**bucht 900 **μ**. Entoderm an der vorderen Darmpforte unregelmäßig verdickt (Leberanlage).	Vornierenkanälchen in der Höhe des 4. Urwirbels. Wolffscher Gang beginnt in der Gegend des 7. Urwirbels und reicht bis hinter den letzten Urwirbel.	Sinus venosus gegen den Vorhof nicht abgegrenzt, Atrioventrikularkanal angelegt. Endocard im Ventrikel dem Myocard nicht anliegend. 2 Aortenbogen, der 2. noch sehr schwach.				Reicht bis zum 8. Urwirbel.	Als **60** μ lange Bucht kaudal vom Canalis neurentericus.	**Entspricht beiläufig Keibel N.T. No. 37 und 37a, zwischen Fig. 14 und 15.**
Rachenhaut noch vollständig.	**1. Spalte** hat dorsal **eine kleine Öffnung. 2. Spalte** geschlossen. **3. Tasche erreicht eben das Ektoderm. Keine Thyreoideaanlage.**	Vordere Darmbucht 1090 μ. Darmpforte im Bereiche des 5. Urwirbels. Kraniale Leberanlage als Bläschen mit Verdickung **und** Sprossenbildung **des** Entoderms, kaudale nicht differenziert. Schwanzdarmlumen auf 2 Schnitten.	Vornierenkanälchen mit Glomerulus und Trichter in der Höhe des 4. Urwirbels. Beginn des Wolffschen Ganges in der Höhe des 10. Urwirbels, Ende 185 μ hinter dem letzten Urwirbel, Gang streckenweise hohl.	Herzkanal angelegt. Zwischen Sinus venosus und Ventrikel keine Grenze. Endothel im Ventrikel dem Myocard nicht anliegend. 2 Aortenbogen, vom 3. ein dorsaler und ein ventraler Sproß.				Reicht bis zum 10. Urwirbel, hat einen Abgang der [illegible]. Mesodermale Amnionnaht im Kopfbereich mehrfach durchbrochen.	Sehr kleines rundliches Bläschen ca. 40 μ lang.	Entspricht etwa Keibel N.T. No. 42 und 43, doch Amnion etwas weiter entwickelt, deutliche Plakoden.

Nr.	Maße	Körperform	Primitivstreifen	Urwirbel	Cölom	Chorda	Nervensystem	Auge	Ohr	Nase	Hypophyse
13 Fig. 13 und 13a. Tafel I und III.	5½ mm gr. L. 1114 Schnitte. Schnittdicke 5 μ.	Die 3 Hirnbeugen sichtbar. 2 Kiemenspalten sind offen. Der Kopf nach rechts gedreht, Linsensäckchen deutlich. Herzschlauch stark gekrümmt. Amnion bis an die Vasa omphalomesenterica reichend. Kopf auf 1310 μ, Schwanzspitze auf 40 μ abgehoben.	Schwanz nicht differenziert. Canalis neurentericus 90 μ lang, mündet frei im Entoderm, löst aber kaudalwärts in der undifferenzierten Schwanzknospe auf.	36. Die beiden vordersten Urwirbelgrenzen nicht deutlich.	Große Kopfhöhlen. Leibeshöhle im Bereich der Amnionfalten weit. Branchiocölom des Mandibularbogens in Verbindung mit der Pericardialhöhle.		3 Hirnbeugen. Dach der Rautengrube ganz dünn. Erste Anlage der Epiphyse. Zentralkanal gegen Ende unregelmäßig. Vordere Wurzeln eben nachweisbar. Plakoden der Hirnnerven deutlich.	Sekundäre Augenblase. Linsensäckchen weit offen, leer.	Offenes tiefes Hörgrübchen.	Ebene Riechplatte.	Seichte Tasche.
14 Fig. 14 und 14a. Tafel I und III.	6½ mm gr. L. 922 Schnitte. Schnittdicke 5 μ.	Mandibular- und Hyoidbogen gut entwickelt. Sekundäre Augenblase und Öffnung des Hörbläschens sichtbar. Amnion überschreitet ein wenig die Vasa omphalomesenterica. Proamnion als schmaler Streif kopfwärts vom Embryo sichtbar. Seitliche Darmlippe wulstförmig, hintere Darmlippe eben sichtbar. Embryo ca. 2 mm bis an die vordere Darmpforte abgehoben, Herz frei. Schwanzspitze auf 50 μ frei.	Die Keimblätter hängen noch auf 200 μ bis in die Schwanzspitze zusammen. Canalis neurentericus in weiter Kommunikation mit dem Darm, gegen den Zentralkanal zu an einer Stelle unterbrochen.	27. Vor dem 1. noch ein zweifelhafter.	Kopfhöhlen groß, vielfach verzweigt. Branchiales Mesoderm im Mandibularbogen deutlich, streckenweise mit Lumen.		5 Hirnblasen, keine Epiphyse. Zentralkanal spaltförmig, im kaudalen Abschnitt unregelmäßig mit mehreren Lumina. Plakoden an den Hirnnerven.	Sekundäre Augenblase. Linsensäckchen weit offen.	Hörbläschen noch an einer kleinen Stelle offen.	Riechplatte noch eben.	Schlauchförmig.
15 Fig. 15 und 15a. Tafel I und III.	7 mm gr. L. 1360 Schnitte. Schnittdicke 5 μ.	Nackenbeuge beginnt, sichtbar zu werden. Nachhirndach blasenförmig vorgewölbt, Riechgrübchen sichtbar. Amnion bis auf einen kleinen, ca. ⅓ des Embryo messenden Bezirk geschlossen. Proamnion vor dem Kopf geschwunden. Schwanzspitze auf 250 μ frei.	Im kaudalen Ende der Chorda ein vom Canalis neurentericus ausgehendes Chordalumen von 45 μ Länge.	33. Der letzte noch nicht vollständig abgegrenzt.	Große, stark gebuchtete Kopfhöhlen. Im 1.–4. Kiemenbogen das branchiale Mesoderm nur stellenweise mit Lumen, ohne Zusammenhang mit dem Pericard.		Deutliche Neuromeren im Rhombencephalon, langes Infundibulum, einfache Epiphysenanlage; im Bereich der Hemisphärenanlagen die laterale Wand des Telencephalon verdickt, kein Velum transversum. Canalis neurentericus durchgängig.	Tiefer Augenbecher, gegen den Opticus gut abgegrenzt. Linsensäckchen geschlossen, vom Ektoderm nicht vollständig abgelöst, leer.	Hörbläschen geschlossen, mit dem Ektoderm noch in Zusammenhang, kein Ductus endolymphaticus.	Flaches Riechgrübchen, das hohe Epithel überschreitet den Rand des Grübchens.	Offene Tasche.
16 Fig. 16 und 16a. Tafel I und III.	5½ mm gr. L. (Steiß-Nacken), 3½ mm Scheitel-Nacken, ca. 7½ mm Gesamtlänge über die Krümmung. 962 Schnitte. Schnittdicke 10 μ.	Kopf rechtwinklig gegen den Rumpf abgebogen. Vordere Extremität als flache Vorwölbung, hintere angedeutet. Amnion bis auf einen kleinen, exzentrisch gelegenen Bezirk am Schwanz geschlossen. Schwanz auf 340 μ frei.	Lumen am kaudalen Ende der Chorda im Zusammenhang mit dem Canalis neurentericus.	34. Ein 35. in Abgliederung.	Kopfhöhlen vielfach gebuchtet, groß. Branchiales Mesoderm am deutlichsten im Mandibularbogen als Strang vorhanden.		Deutliche Neuromeren im Rhombencephalon, Mesencephalon am Querschnitt fast kreisrund, tiefes Infundibulum, erste Epiphysenanlage. Am Telencephalon erste Andeutung der Hemisphärenabgrenzung, Velum transversum angelegt.	Linsenbläschen gerade in Abschnürung. Opticus kurz, gut abgesetzt, dorsale Wand desselben dünner.	Hörbläschen mündet noch mit einer feinen Öffnung nach außen. Ektoderm an der Öffnung verdickt.	Flache Riechgrube.	Weit offene Tasche.

Mund	Kiementaschen und Thymus, Respirationstractus	Darm und Drüsen	Urogenitalsystem	Gefäßsystem und Herz	Extremitäten	Integument	Schwanz	Amnion	Allantois	Vergleich mit dem Huhn
Tiefe Mundbucht, Rachenhaut stellenweise zwischen den Unterkieferwülsten schon durchbrochen.	1. Spalte rechts offen, links geschlossen. 2. und 3. Tasche erreicht das Ektoderm. Keine 4. Tasche. Keine Thymusanlage.	SEESSEL'sche Tasche weit offen. Vordere Darmbucht 890 μ. Darmpforte im Bereich des 7. Urwirbels. Leberanlage beginnt mit einzelnen Seitensprossen, reicht bis an die Darmpforte. Kaudale Leberanlage nicht differenziert.	WOLFF'scher Gang beginnt mit 2 Trichtern in der Höhe des 9. Urwirbels, besitzt streckenweise ein Lumen und reicht etwa 3 Urwirbelbreiten über das Gebiet der Urwirbel kaudalwärts. Vornierenglomerulus knapp vor dem Beginn des WOLFF'schen Ganges.	Sinus venosus gegen den Vorhof nicht abgegrenzt. Ohrkanal angedeutet. 3 Aortenbogen, der 3. noch sehr schwach.	Vordere Extremität als flacher Wulst.			Bis an die [illegible]	[illegible] 13 [illegible] kaudal [illegible] der [illegible] Fig. 2	No. 42—43 der KEIBEL'schen N.T., Fig. 16. Embryo etwas kleiner, Reste des Primitivstreifens und des Canalis neurentericus. Rachenhaut teilweise gerissen. Lebersprossen.
Weit offen, am Mundrand noch Reste der Rachenhaut.	1. Schlundtasche offen, 2. und 3. mit Ektoderm in Berührung, 4. noch nicht. Thyreoideaanlage sicht. [illegible]	SEESSEL'sche Tasche groß, vordere Darmbucht 1785 μ. Kraniale Leberanlage vielfach verzweigt, kaudale als Ausbuchtung des Entoderms an der vorderen Darmpforte. Schwanzdarm fehlt.	Vornierenglomeruli vom 6. bis 10. Urwirbel. WOLFF'scher Gang beginnt am 10. Urwirbel, reicht bis über die Urwirbel hinaus. Anfangsteil des Ganges durchgängig. Urnierenkanälchen und Glomeruli vorhanden.	Ohrkanal kurz, keine Sinusklappen, 3 Aortenbogen, der 4. in Bildung. Insel im dorsalen Ende des 2. Bogens.	Extremitätenleiste.			[illegible] falten [illegible] Mesodermale [illegible]	[illegible]	Entspricht beiläufig KEIBEL N.T. No. 44, Fig. 16. Unterschied: Erhaltung der Rachenhaut. Fehlen der Schwanzkappe des Amnion. Fehlen des Schwanzdarms.
Weit offen. Keine Rachenhaut.	2. Schlundspalte durchgängig. 4. Spalte erreicht gerade das Ektoderm. Keine Trachealrinne. 2 Stammknospen der Lungenanlage. Mittlere Thyreoideaanlage [illegible]	Magenanlage erkennbar, schräg gestellt. Hintere Darmbucht 660 μ lang, reicht bis in den Schwanz. Leberschläuche spärlich, teilweise mit Lumen. Leberrinne reicht bis zur vorderen Darmpforte. Dorsale Pankreasanlage erkennbar.	[illegible] gegen Urniere abgegrenzt, [illegible] blind endigende Vornierenkanälchen, WOLFF'scher Gang beginnt im Bereich des 11. Urwirbels, reicht bis an die Kloake, [illegible] im kaudalen Abschnitt [illegible]	Sinus venosus vom Vorhof noch nicht abgegrenzt. 4 Aortenbogen, der 4. noch sehr eng. Die Aorta [illegible] über dem Abgang des 4. Bogens kaudalwärts verlängert. Aorta dorsalis vom 22. Urwirbel an doppelt.	Beide Extremitätenpaare als stärkere Vorwölbungen des Extremitätenwulstes erkennbar. An der vorderen Extremität Epithelleiste.			Amnion reicht bis zum 32. Urwirbel. Proamnion an der linken Seite des Kopfes in Form einer schmalen Kappe noch erhalten.	Etwas nach rechts gewendet als Rinne von 180 μ mit vorderem [illegible] Fig. 21	KEIBEL N.T. No. 46 bis 47b, Fig. 17. Keine [illegible]
Keine Rachenhaut.	2. Spalte durchgebrochen, 1. im Durchbrechen. 3. Tasche erreicht das Ektoderm, 4. noch nicht. Keine Trachealrinne, paarige Lungenanlage. Thyreoidea als Säckchen mit deutlichem Lumen.	Vordere Darmbucht [illegible] μ, hintere [illegible] μ lang, geht in den Canalis neurentericus über. Magen als Erweiterung angelegt. Leberschläuche netzförmig, [illegible] mit Lumen. Lange Leberrinne. dorsales Pankreas eben angelegt.	Vornierenglomerulus sehr groß. WOLFF'scher Gang beginnt am 11. Urwirbel, reicht bis an die Kloake, [illegible] nicht scharf gegen die Umgebung abgegrenzt. Geschlechtsleiste im Keimepithel vorhanden.	Herz S-förmig, keine Sinusklappen. 4 Aortenbogen, der 4. noch sehr schwach, am dorsalen Ende des 3. und 4. Bogens Inselbildung.	Vordere Extremität als Vorwölbung der Extremitätenleiste mit Epithelleiste am freien Rand, hintere Extremität nur angedeutet.			Bis auf einen kleinen Bezirk geschlossen.	Nach rechts vorn gerichtet, mit weiter Kommunikation mit dem Darm.	Entspricht etwa KEIBEL N.T. No. 48 und 48a. Doch fehlt die Rachenhaut vollständig, Schwanzdarm kürzer.

Bez.	Maße	Körperform	Primitivstreifen	Urwirbel	Cölom	Chorda	Nervensystem	Auge	Ohr	Nase	Hypophyse
17 Tafel I und III.	$5\frac{1}{4}$ mm gr. L. (Steiß-Nacken), $4\frac{1}{2}$ mm Scheitel-Rücken, ca. 8 mm Gesamtlänge über die Krümmung. Schnittzahl 536. Schnittdicke 10 μ.	Oberkieferfortsatz angedeutet. Hyoidbogen gegliedert. Sinus cervicalis ziemlich tief. Hörbläschen mit dorsalwärts gerichteter Verschmälerung und 3 Trigeminusäste sichtbar. Vordere und hintere Extremität deutlich, Allantois kleine, nach rechts gewendete Blase. Schwanzspitze bereits nach aufwärts umgeschlagen. Amnionnabelgang erhalten.	Das Chordaende enthält ein Lumen, das mit dem Schwanzdarm in Verbindung steht. Canalis neurentericus geschlossen.	38 Urwirbel.	Kopfhöhlen noch groß, in den 3 ersten Kiemenbogen das branchiale Mesoderm noch als kompakte Stränge zu sehen.	Chordazellen beginnen sich blasig umzuwandeln.	Neuromeren im Rautenhirn. Infundibulum weit offen. Epiphyse als hohles Bläschen angelegt. Hemisphärenanlage, Velum transversum. Im Rückenmark kaum eine Andeutung von Strangbildung. Spinalganglien gut begrenzt. Sympathicus von ihnen abgegliedert.	Mesoderm beginnt gerade in das Colobom vorzudringen. Vor der Linse kein Mesoderm. Linsenfasern in Bildung. Opticus hohl, kein Retinalpigment.	Hörbläschen ohne Zusammenhang mit dem Ektoderm, kranialwärts verschmälert.	Riechgrübchen.	Offene Tasche mit Beginn von Sprossenbildung.
17 A	$5\frac{1}{2}$ mm gr. L. (Nacken-Schwanzspitze). $4\frac{1}{2}$ mm Scheitel-Rücken. Ca. 8 mm über die Krümmung gemessen. 565 Schnitte. Schnittdicke 10 μ.	Wie 17.	Undifferenzierter Gewebsrest in der Schwanzspitze. Chordalumen mit dem Schwanzdarm in Verbindung.	40 Urwirbel.	Kopfhöhlen noch groß. Branchiales Mesoderm der ersten 3 Bogen deutlich. Im Mandibularbogen links noch auf einem Schnitt ein Hohlraum.		Wie 17.	Wie 17.	Wie 17.	Wie 17.	Wie 17.
18 Tafel I und III.	6 mm gr. L. (Steiß-Nacken). 5 mm Scheitel-Rücken. Ca. $9\frac{1}{2}$ mm Gesamtlänge über die Krümmung. 466 Schnitte. Schnittdicke 10 μ.	Oberkieferfortsatz und seitlicher Nasenfortsatz angelegt. Am Hyoidbogen beginnt die Abgliederung des distalen Stückes. Sinus cervicalis vertieft. Vordere Extremität ventralwärts abgebogen, hintere Extremität kaudalwärts noch unscharf begrenzt. Schwanzspitze aufwärts gekrümmt. Vorhof gegen den Ventrikel von außen abgegrenzt. Muskulatur des Ventrikels erkennbar. Allantois als freies, etwa stecknadelkopfgroßes Bläschen sichtbar.	Im Chordaende Chordalumen. Chorda mit Entoderm und Rückenmarksende verbunden.	44 Urwirbel.	Sehr große Kopfhöhlen. Branchiales Mesoderm in den 3 ersten Kiemenbogen abgrenzbar.		Hemisphären als große Blasen mit weitem Foramen Monroi, Epiphyse schlauchförmig, ca. 100 μ lang, Mesencephalon dickwandig, im Querschnitt kreisrund, Neuromeren im Rautenhirn undeutlich. Im Rückenmark beginnende Randschleierbildung. Sympathicus angelegt.	Weit offenes Colobom mit Gefäßen, kein Mesoderm zwischen Cornea und Linse, hintere Linsenwand hoch, Hohlraum niedrig. Opticus hohl, kein Retinalpigment.	Erste Abgliederung der Pars inferior labyrinthi, dorsaler Teil des Hörbläschens verschmälert, vom Ektoderm abgelöst. Kein Ductus endolymphaticus.	Offene sackartige Riechgrübchen mit hohem Epithel.	Mit kurzem, offenem Hypophysengang.

Mund	Kiementaschen und Derivate, Respirationstractus	Darm und Drüsen	Urogenitalsystem	Gefäßsystem und Milz	Extremitäten	Integument	Skelett	Amnion	Allantois	Vergleich mit dem Huhn
Keine Rachenhaut	1. und 2. Spalte durchgängig, 3. und 4. mit dünner Verschlußmembran. Anlage einer 4. Tasche. Thyreoidea [illegible] Schlauch, keine Trachealrinne, [illegible] seitliche Rinne fort.	Magen erkennbar, 2 Leberausstülpungen. Anlage der Gallenblase [illegible]. Mündung des kaudalen Lebergangs [illegible] der Darmpforte [illegible] Pankreas als Bläschen mit Sprossen. Anlage des ventralen [illegible]. Schwanzdarm mit der Kloake in offener Verbindung, lang und weit, mit dem Chordakanal in Zusammenhang.	[illegible] Wolffscher Gang [illegible] Kloake durch eine Epithelplatte verschlossen, sonst durchgängig. Innere Glomeruli [illegible] Peritonaeum nachweisbar.	[illegible] 3., 4. und 6. Aortenbogen vorhanden, der 2. [illegible] der letzte noch sehr schwach, links nur [illegible]	Vordere und hintere Extremität als [illegible] Epithelleiste [illegible]			Amnionnabelgang erhalten.	Kleine, noch [illegible] Blase.	Keibel N.T. No. [illegible] 4. Aortenbogen erhalten. Allantois überschreitet den Körperbereich ein wenig. Chordakanal
Wie 17.	1. und 2. Kiemenspalte durchgängig, 3. und 4. epithelial verschlossen. 5. Tasche erreicht das Ektoderm nicht. Trachea in Bildung.	Schwanzdarm nahe der Kloake solid, dann wieder weit offen. Sonst wie 17.	Mehrere äußere Glomeruli im Gebiet des 10. bis 13. Urwirbels. Wolffsche Gänge beginnen am 10. Urwirbel, sind im Gebiet des 11. Urwirbels mit dem Peritonealepithel verklebt (äußerer Trichter?), weiter kaudal streckenweise sehr weit, münden offen in die Kloake. Innere Glomeruli vorhanden. Keimepithel niedrig. Stellenweise gehäufte Urgeschlechtszellen.	Septum atriorum [illegible] Endothelkissen undeutlich. 1.–4. Aortenbogen vollständig. Rechts 5. und 6. [illegible] nachweisbar, links nur Teile des 6. Bogens.	Wie 17.				Wie 17.	Wie 17.
	5 Schlundtaschen, 1. und 2. weit offen, 3. und 4. epithelial verschlossen, die 5. erreicht nirgends das Ektoderm. Trachea und Oesophagus geschieden, 2 lange Stammknospen. Thyreoidea mediana hohl, durch einen langen feinen Gang mit dem Pharynx in Zusammenhang.	Leber stark verzweigt, dorsales Pankreas beginnt sich zu verzweigen, beide ventrale Pankreasanlagen einfach. Anlage der Gallenblase deutlich. Offene Darmrinne 1200 μ lang. Schwanzdarm besitzt ein feines Lumen, am kaudalen Ende ampullär erweitert, geht in den Chordakanal über.	Vornierenglomerulus sehr groß. Wolffscher Gang hat weites Lumen und mündet in die Kloake. Urnierenkanälchen und Glomeruli gut entwickelt. Äußere Glomeruli nachweisbar. Urgeschlechtszellen im Keimepithel und im benachbarten Peritonaeum.	Keine Sinusklappen, weiter Ohrkanal, reichliche Trabekelbildung in der Kammer. 6 Aortenbogen vorhanden. Die beiden letzten sehr schwach, besitzen dorsal und ventral je einen Truncus communis.	Epithelleisten an beiden Paaren. Vordere Extremität reich vaskularisiert.			Geschlossen	Relativ große, gefäßreiche Blase mit deutlichem Allantoisgang.	Entspricht etwa Keibel N.T. No. 58, Fig. 20. Fehlen des Ductus endolymphaticus, grössere Allantois.

Nr.	Maße	Körperform	Primitivstreifen	Urwirbel	Cölom	Chorda	Nervensystem	Auge	Ohr	Nase	Hypophyse
19 Fig. 19 und 19a. Tafel I und III	5¼ mm gr. L. (Steiß-Nacken). 5 mm Scheitel-Rücken. Ca. 9¼ mm Gesamtlänge über die Krümmung. 318 Schnitte. Schnittdicke 10 μ.	Oberkieferfortsatz deutlich. Sinus cervicalis in Verkleinerung begriffen. Vordere Extremität am Ende plattenförmig verbreitert. Schwanzspitze beginnt sich einzurollen. Herzwulst vom Ventrikel gut abgrenzbar. Allantois als hirsekorngroße Blase, an der Kuppe bereits der Serosa angelagert.	Chorda noch mit dem Schwanzdarm in Zusammenhang, aber ohne Lumen.	43 Urwirbel.	Kopfhöhlen bläschenartig, bereits verkleinert. Branchiales Mesoderm in den ersten 3 Bogen noch abgrenzbar.		Neuromeren im Rhombencephalon noch nachweisbar. Epiphyse schlauchförmig, ca. 100 μ lang. Hemisphären groß, Foramen Monroi weit offen.	Hintere Linsenwand hoch, berührt in der Mitte die vordere Wand. Opticus hohl. Kein Retinalpigment.	Ductus und Saccus endolymphaticus beginnt sich vom Hörbläschen abzugrenzen.	Offene sackartige Riechgruben.	Hypophysengang kurz, offen.
20 Fig. 20 und 20a. Tafel I und III	6¼ mm gr. L. (Steiß-Nacken). 6 mm Scheitel-Rücken. 6 mm Scheitel-Steiß. 480 Schnitte (parallel zum Rücken geschnitten). Schnittdicke 10 μ.	Augenanlage leicht pigmentiert. Tiefes äußeres Nasenloch. Sinus cervicalis tief. Operculumbildung. Vordere Extremität stummelförmig, im Ellbogen abgeknickt, hintere plattenförmig. Ventrikelschleife gegliedert. Allantois überhanfkorngroß, reich vaskularisiert.	Schwanzdarm mit dem Chordaende noch in Zusammenhang.	48 Urwirbel.	Branchiales Mesoderm im 1.—3. Bogen als Strang. Kopfhöhlen verschwunden.	Chordazellen in blasiger Umwandlung. Elastica interna.	Hemisphären und Velum transversum vorhanden, keine Paraphyse, Epiphyse schlauchförmig, am Ende verdickt. Im Rautenhirn noch Neuromeren. Im Rückenmark Vorderhörner, Vorder- und Seitenstränge.	Beginn des Retinalpigments. Opticus hohl, in der Linse noch ein ringförmiges feines Lumen. Im Colobom Gefäße. Mesoderm beginnt sich zwischen Linse und Cornea vorzuschieben.	Beginnende Abgliederung der Pars inferior labyrinthi und der Lagena. Ductus endolymphaticus entspringt an der medialen Labyrinthwand.	Offene tiefe Riechgruben.	Bereits jederseits einen Seitensproß, offener Hypophysengang.
21 Tafel I und III.	6¾ mm Steiß-Nacken. 7 mm Scheitel-Rücken. 481 Schnitte. Schnittdicke 10 μ.	Im Sinus cervicalis der 3. und 4. Kiemenbogen noch zu sehen. Beide Extremitäten stummelförmig, Schwanz eingerollt. Bulbus vom Ventrikel abgesetzt. Allantois kleinerbsengroß.	Schwanzdarm noch mit der Chorda zusammenhängend.	50 Urwirbel.	Branchiales Mesoderm im 2. und 3. Kiemenbogen deutlich. Ductus pleuropericardiaci offen.	Chordazellen großblasig. Elastica interna angelegt.	Decke des Telencephalon impar breit und dünn, Hemisphären kugelförmig. Lobus olfactorius beginnt sich abzugrenzen. Decke des Parencephalon vorgetrieben, im Rhombencephalon Neuromeren noch deutlich.	Opticus hohl, hintere Linsenwand hoch.	Ductus endolymphaticus gegen das Labyrinth abgegrenzt, distal zum Saccus erweitert.	Tiefe, weit offene sackartige Riechgruben.	Langer, offener Hypophysengang.
22 Fig. 22 und 22a. Tafel I und III.	6,6 mm Nacken-Steiß. 6,4 mm Scheitel-Steiß. 1131 Schnitte. Schnittdicke 5 μ.	Seitlicher Nasenfortsatz und Tränennasenfurche sichtbar, äußerer Gehörgang noch unten abgegrenzt, Hyoidbogen gegliedert, Sinus cervicalis ein feines Grübchen; vordere Extremität einfach gegliedert distal verbreitert, hintere Extremität stummelförmig mit beginnender Gliederung. Allantois erbsengroß, schildförmig mit der Serosa verwachsen.	Äußerste Schwanzspitze noch undifferenziert, im Chordaende noch ein Lumenrest.	51 Urwirbel, ein 52. in Abgliederung.	Branchiales Mesoderm im 2. und 3. Bogen noch ziemlich scharf begrenzt. Ductus pleuropericardiaci offen.		Decke des Ventriculus impar vorgewölbt, keine Paraphyse. Epiphyse als Schlauch mit beginnender Sprossenbildung. Neuromeren im Hinterhirn kaum mehr angedeutet. Rückenmarkslumen am Ende unregelmäßig. Vorder-, Seiten- und Hinterstränge angelegt.	Retinalpigment in geringer Menge vorhanden, Opticus hohl. Am Aequator der Linse ein Hohlraum. Mesoderm zwischen Linse und Cornealepithel, das Bindegewebe des Glaskörperraumes auf das Colobom beschränkt. In den Augenmuskelanlagen Fibrillen.	Pars superior und inferior labyrinthi gegeneinander abgrenzbar. Keine Bogengangstaschen.	Tiefe Riechgruben mit frontal gestelltem Zugang.	Hohl, mit 2 Seitensprossen.

Mund	Kiementaschen und Derivate, Respirationstractus	Darm und Drüsen	Urogenitalsystem	Gefäßsystem und Milz	Extremitäten	Integument	Skelett	Amnion	Allantois	Vergleich mit dem Huhn
	1., 2., 3. Spalte offen. 4. Spalte epithelial verschlossen. 5. Tasche angelegt. Trachea und Oesophagus geschieden. Stammknospen sehr lang, am Ende erweitert. Mittlere Schilddrüsenanlage ziemlich lange, mit dem Mundhöhlenepithel zusammenhängender, am Ende kolbig aufgetriebener Strang.	Schwanzdarm durch einen Epithelstrang mit der Kloake in Verbindung, distal ampullär erweitert, mit dem soliden Chordaende in Zusammenhang. 2 Leberausführungsgänge; an der kaudalen Anlage der Gallenblase. Dorsale Pankreasanlage reich verzweigt. 2 ventrale Pankreasanlagen.	Großer Vornierenglomerulus. WOLFFscher Gang mündet offen in die Kloake. Zahlreiche große Urnierenglomeruli, gewundene Urnierenkanälchen.	1. und 2. Aortenbogen unterbrochen, ventrale Stücke sehr lang. 3., 4., 6. Bogen sehr stark, der 5. schwach, entspringt und endet im 6. Bogen. Milzhöcker fraglich.	Epithelleiste an beiden Extremitäten.				In der Wand zahlreiche Gefäße.	Entspricht KEIBEL N.T. No. 59, Fig. 21.
	1., 2., 3. Spalte offen, 4. epithelial verschlossen. 5. Tasche verschwunden. 6. Tasche angelegt. Thyreoidea mediana solide Zellmasse, vom Ektoderm abgelöst. Trachea vom Oesophagus getrennt, lange Stammknospen der Lungen.	Schwanzdarm mit dem Chordaende im Zusammenhang, von der Kloake getrennt, mit Lumen am distalen Ende. Blinddärme angelegt. Darmnabel noch 190 μ weit. Reichliche Anastomosen der Leberbalken, stellenweise mit Lumen. Dorsales Pankreas verzweigt, 2 ventrale Anlagen mit beginnender Sprossenbildung.	Großer Vornierenglomerulus. WOLFFscher Gang stellenweise sehr weit, mündet offen in die Kloake. Zahlreiche Urnierenkanälchen und Glomeruli. Keimepithel noch ziemlich niedrig, unscharf begrenzt, vereinzelte Urgeschlechtszellen.	Rechte Sinusklappe vorhanden, linke noch nicht. Septum atriorum hoch. Vena pulmonalis ansehnlich, weder Ventrikel- noch Aortenseptum vorhanden. 1. und 2. Aortenbogen unterbrochen, 3., 4. und 6. Bogen stark, 5. nicht nachweisbar. Milzanlage höckerförmig mit Mesodermverdichtung.	Beginn einer zentralen Gewebsverdichtung.		Mesodermverdichtungen an der Chorda (hypochordale Spangen).		Ueberhaupt kon[illegible] groß, reich vaskularisiert. Urachus deutlich abgesetzt.	KEIBEL N.T. No. 62 bis 66, Fig. 23. Mesoderm beginnt zwischen Linse und Cornea einzuwachsen. Ductus endolymphaticus vom Ektoderm abgelöst, 3. Kiemenspalten durchgängig. Trachea vom Oesophagus getrennt, mittlere Thyreoidea in diesem Fall ohne Lumen. Schwanzdarm mit Lumen. Keimepithel niedrig.
	1.—3. Spalte durchgängig, 4. Tasche erreicht das Ektoderm, laterale Thyreoidea und Thymusanlage vorhanden. Mittlere Thyreoideaanlage flächenförmig, ohne Zusammenhang mit dem Ektoderm. Trachea vom Oesophagus getrennt, 2 einfache lange Stammknospen.	Oesophaguslumen eng, ohne Atresie. Magen deutlich abgrenzbar. Coeca angelegt. Vom Schwanzdarm kurzes zapfenförmiges Stück im Anschluß an die Kloake und ein distales mit der Chorda zusammenhängendes Stück vorhanden. Leber reich verzweigt. Gallenblase angelegt. Dorsale Pankreasanlage reich verzweigt. 2 ventrale Anlagen vorhanden.	Großer Vornierenglomerulus, in der Höhe des 9. Segmentes rudimentärer Vornierentrichter. Urniere groß. WOLFFscher Gang weit, kein MÜLLERscher Gang. Innere und äußere (?) Urnierenglomeruli vorhanden. Keimepithel beginnt zu wuchern.	Sinusklappen vorhanden, kurz und plump, Septum atriorum unvollständig, mit Endothelverdickung am freien Rand. Endothelpolster im Ohrkanal groß, im Ventrikel reichliche Trabekelbildung, Bulbuswülste angelegt. Vom 1. u. 2. Aortenbogen ventraler Rest vorhanden, 3., 4., 6. Bogen stark, 5. nicht nachweisbar. Milzhöcker mit hohem Peritonealepithel u. Bindegewebsverdichtung.	Mit starken Epithelleisten.				Allantoisgang lang und weit.	Entspricht etwa KEIBEL N.T. No. 63 und 64, Fig. 23. Unterschied: Allantois größer.
	1.—3. Spalte durchgängig, 4. Tasche erreicht das Ektoderm. Thyreoidea lateralis als epitheliale Knospe. Thyreoidea mediana mit zentralem Hohlraum. Thymusanlagen als Epithelverdickungen. Trachea ca. 300 μ lang.	Oesophagusepithel verschlossen, Magen zweigeteilt, Darmnabel ca 130 μ. Anlagen der Coeca oralwärts gerichtet. Vom Schwanzdarm ein kurzes proximales solides und ein distales Stück mit gegabeltem Lumen erhalten. Anlage der Gallenblase. 3 Pankreasanlagen.	Großer Vornierenglomerulus im Bereich des 13. bis 15. Urwirbels. Anfang des WOLFFschen Ganges in der Höhe des 14. Urwirbels. Nierenknospe am WOLFFschen Gang. MÜLLERscher Gang als ein Streifen hohen Epithels angelegt. Keimepithel mit Urgeschlechtszellen mehrschichtig. Genitalhöcker.	2 Sinusklappen, die linke noch sehr plump. Septum atriorum fast fertig, mit einzelnen kleinen Durchbrechungen. Anlage des Ventrikelseptum, Bulbus in der Nähe des Ventrikels getrennt. 3., 4., 6. Aortenbogen stark, kein 5. Bogen. Milzanlage reich vaskularisiert.	Zentrale Gewebsverdichtung.				Aeußere Hälfte abgeflacht, mit der Serosa verwachsen.	KEIBEL N.T. No. 69 bis 71, Fig. 25. Keine Paraphyse, Neuromeren undeutlich, keine Bogengangstaschen. 3. Kiemenspalte durchgängig. Schwanzdarm mit Lumen erhalten. Keimepithel wenig vorspringend.

Nr.	Maße	Körperform	Primitivstreifen	Urwirbel	Cölom	Chorda	Nervensystem	Auge	Ohr	Nase	Hypophyse
23 Tafel I.	9½ mm Scheitel-Steiß. 6½ mm Stirn-Nacken. Schnittzahl 698. Schnittdicke 10 μ.	Dorsal vom Mandibularbogen vordere Ohrhöcker, äußerer Gehörgang sichelförmig. 2 dorsokraniale Höcker vom Hyoidbogen abgegliedert. Opercularfortsatz des Hyoidbogens ausgebildet. Colobom und ein gegenüberliegender Streifen am Auge noch unpigmentiert. Linse gegen Iris scharf abgegrenzt. Beide Extremitäten gegliedert, am Ende plattenartig verbreitert.	Schwanzspitze nicht differenziert		Ductus pleuropericardiaci offen. Branchiales Mesoderm in Auflösung.	Chordazellen blasig.	Ganglienhügel in das Telencephalon vorspringend. Hemisphären blasenförmig. Decke des Parencephalon sackartig nach vorn ausgestülpt. Epiphyse sehr lang; beginnende Sprossenbildung. Paraphysenanlage? Randschleier im Mesencephalon und im Diencephalon gut entwickelt. Zentralkanal am Ende erweitert.	Retina pigmentiert, hintere Linsenwand berührt die vordere. Sklera und Iris angelegt. Pectenbildung begonnen. Opticus hohl.	Langer Ductus endolymphaticus, Bogengangstaschen angedeutet. Lagena deutlich.	Tiefe, sackartige Riechgruben mit kleinem Wulst an der lateralen Wand	Weit offen mit 2 seitlichen Sprossen.
24 Tafel I.	11 mm Scheitel-Steiß. 7 mm Stirn-Nacken. 7½ mm Stirn-Scheitel. 921 Schnitte. Schnittdicke 10 μ.	Ventraler und dorsaler Anteil des Hyoidbogens getrennt. Ventraler in das Operculum umgewandelt. Äußerer Gehörgang geschlossen. In der Ohrgegend eine Reihe von Höckern. An der vorderen Extremität Beginn der Fingerstrahlen, hintere Extremität so lang wie die vordere, ohne Strahlen.	In der Schwanzspitze hängen Chorda und Rückenmark noch zusammen.		Ductus pleuropericardiaci und pleuroperitoneales offen. Recessus pulmo-hepatici gehen hoch hinauf. Ductus communicans ventralis rechts noch offen, links geschlossen.	Noch gleichmäßig dick. Elastische und faserige Scheide deutlich.	Epiphyse mit Sprossenbildung. Zirbelpolster weiter Sack. Plexus chorioideus lateralis eben angelegt; Paraphyse als Epithelsproß. Im Rückenmark Commissura anterior. Zentralkanal an der Schwanzspitze erweitert.	Retinalpigment wenig reichlich. Iris und vordere Kammer angelegt, ebenso Sklera. In der Linse noch ein äquatoriales Lumen. Auf der rechten Cornea 3 kleine Epithelhöcker. Opticus hohl, Chiasma deutlich, Nervenfaserschicht der Retina in der Nähe des Opticuseintritts. Colobom offen, Anlage des Pecten.	Obere und hintere Bogengangstasche geschlossen, Wände verklebt. Äußere Tasche weit offen. Lagena lang. Äußere Wand des Saccus endolymphaticus gefaltet.	Choanen offen, 2 Muschelwülste an der lateralen Wand, kein Tränennasengang. Primitiver Gaumen [illegible]	Beginnende seitliche Sprossenbildung. Hypophysengang noch offen.
25 Tafel I.	12 mm Scheitel-Steiß. 7½ mm Stirn-Scheitel. Schnittdicke 10 μ.	Lidwulst über den Äquator des Auges reichend. Äußerer Gehörgang hinten von einem Wall umgeben. Hals deutlich abgesetzt, mit Opercularfalten am Uebergang in den Rumpf. Hintere Extremität länger als vordere, mit Fingerstrahlung.	Wie 24.		Ductus pleuropericardiaci offen. Ductus communicantes geschlossen.	Noch gleichmäßig dick.	Hemisphären lateral abgeplattet. Foramen Monroi verengt. Ganglienhügel mächtig. Plexus chorioideus angelegt. Mesencephalon kuppelförmig, mit angedeuteter medianer Teilung. Boden des Rhombencephalon dick. Paraphyse als Bläschen mit Epithelsproß. Fila olfactoria und Froriepsche Ganglien nachweisbar. Im kaudalen Abschnitt des Medullarrohres Lumen erweitert, dahinter noch mehrere Lumina.	Reichliches Retinalpigment, Opticus mit feinem Lumen. Keine Cornealhöcker.	Sagittale und frontale Bogengangtasche durchgebrochen. Horizontale Tasche noch weit offen. Saccus endolymphaticus in eine Spitze ausgezogen. Wand faltig.	Choane spaltförmig. 2 Muschelanlagen. Tränennasengang als epithelialer Strang ohne Zusammenhang mit der Nase.	Enger, längerer Hypophysengang.
26 Tafel I.	13½ mm Scheitel-Steiß. 8 mm Schnabel-Scheitel. Schnittdicke 10 μ.	Oberschnabel beginnt vorzuwachsen. Am Ende desselben Nasenhöcker. Hals als selbständiger Abschnitt ausgebildet, gegen den Rumpf durch das Operculum abgesetzt. Beide Extremitäten gegliedert. Kloakenlippen wulstförmig.	Wie 24.		Ductus pleuropericardiaci eng und lang, aber offen. Pleuroperitonealmembranen angelegt.	Intersegmental ein wenig eingeschnürt.	Paraphyse Ausstülpung mit Epithelverdickung. Epiphyse mit Lumen und deutlichen Sprossen, nach rechts verschoben. Rückenmark mit deutlicher Kern- und Strangbildung. Zentralkanal nahe der Schwanzspitze erweitert. Dahinter Rückenmark unregelmäßig, mit der Chorda in Zusammenhang.	Retinalpigment spärlich. Sklera als verdichtetes Gewebe. Opticus noch teilweise hohl. Pecten niedrig.	2 Bogengänge fertig. Äußere Bogengangstasche noch offen. Lagena lang. Epithel an der medialen Seite höher.	2 laterale, 1 medialer Muschelwulst. Äußere Nasenöffnung verklebt. Tränenkanal endet zwischen Auge und Nase.	Reichliche Sprossenbildung, zentrales Lumen, Gang distal obliteriert.

[illegible]	[illegible]	Darm und Drüsen	Urogenitalsystem	Gefäßsystem und Milz	Extremitäten	Integument	Skelett	[illegible]	[illegible]	Vergleich mit dem Huhn
	[illegible]	[illegible]	[illegible]	[illegible]	[illegible]		**Wirbelkörper im Blastemstadium.**			**Entspricht etwa Keibel, N.T. No. 73, Fig. 26.**
	[illegible]	[illegible]	[illegible]	[illegible]	[illegible]		[illegible]			**Keibel, N.T. No. 76a, 76b, Fig. 27. Chorioidea noch gleichmäßig dick. Hypophyse wenig verzweigt. Retinalpigment wenig reichlich. Opticus hohl. 2 Nasenmuscheln. Kein Ductus nasolacrimalis.** [illegible]
	[illegible]	[illegible]	[illegible]	[illegible]	[illegible]		[illegible]			**Entspricht etwa Keibel, N.T. No. 77 u. 78, Fig. 28. 2 Bogengänge schon gebildet. Keine Pleuroperitonealmembranen.**
	[illegible]	[illegible]	[illegible]	[illegible]	[illegible]	[illegible]	[illegible] **vorknorpelig.**			**Entspricht Keibel, N.T. No. 78a u. 79, Fig. 29.**

Nr.	Maße	Körperform	Primitivstreifen	Urwirbel	Cölom	Chorda	Nervensystem	Auge	Ohr	Nase	Hypophyse
27 Tafel I.	17 mm Scheitel-Steiß. 9½ mm Schnabel-Mittelhirn. Ca. 1½ mm Halslänge. Schnittdicke 10 μ.	Oberschnabel knieförmig gekrümmt, an der Basis prominent das Nasenloch. Unterschnabel mit eirundlicher Spitze, zeigt deutlich am [illegible] beginnende Linie. drängt sich durch das weite [illegible] vor. [illegible] eben angelegt. Operculafalte am Hals deutlich.	Wie 24.		Pericard geschlossen. Membranae pleuroperitoneales hoch.		Lobus olfactorius sehr lang, mit Lumen bis an das Ende. Ganglienhügel hoch. In der Hemisphärenwand deutliche Schichtung. Plexus chorioideus lateralis in Entwicklung. Dicker Faserstrang im Diencephalon. Mesencephalon stark vorgewölbt, mit seichter Längsfurche.	Vasa hyaloidea. Sklera vorknorpelig. Im proximalen Teil des Opticus und am Chiasma noch ein Lumen.	Die 3 Bogengänge abgeschnürt. Lagena sehr lang, im Vorknorpel gelegen. Häutige Bogengänge von Knorpelblastem umgeben.	Äußere Nasenöffnung epithelial verschlossen. Choane spaltförmig offen. Tränennasengang solid, beginnt mit 2 Tränenröhrchen, erreicht das Nasenhöhlenepithel noch nicht.	Stark verästelt. Hypophysengang größtenteils solid, noch bis an den Pharynx verfolgbar.
28 Tafel I.	15½ mm Scheitel-Steiß. 10 mm Schnabel-Mittelhirn. Schnittdicke 10 μ.	Auf der Cornea treten Höckerchen auf. Der äußere Gehörgang rückt dicht hinter das Auge. Mundwinkel reicht bis in die Verlängerung des Coloboms. Operculum angewachsen, Rand noch als Linie erkennbar. Extremitäten 3strahlig.	Wie 24.		Pleuroperitonealmembranen hoch.	Intervertebral von den Seiten her eingeengt.	Plexus chorioideus mit Verzweigung. Paraphyse mit beginnender Sprossenbildung. Zirbelpolster weiter Sack mit medianer Furche. Epiphyse mit Lumen und Sprossen etwas nach caudal verlagert. Rückenmark im Schwanzende stark verdünnt, dann erweitert, schließlich unregelmäßig und mit der Chorda verschmolzen.	Sklera vorknorpelig. Pecten niedrige Leiste. Processus ciliares angelegt. An der Linse Beginn der Ringwulstbildung. Zonulafasern. Opticus solid. Chiasmafasern [illegible] grenzend.	3 Bogengänge. Sinnesepithelbezirke höher. Labyrinthkapsel vorknorpelig.	Tränenröhrchen und Kanal vorhanden, erreicht beinahe das Nasenepithel. In den Muscheln tritt Vorknorpel auf.	Hohl mit Sprossen. Gang größtenteils solid.
29 Fig. 29 und 29a. Tafel I und II.	18½ mm Scheitel-Steiß. 11 mm Schnabel-Mittelhirn. Schnittdicke 10 μ.	Auf der Cornea einzelne in einer Kreislinie angeordnete weiße Höcker. Zunge wird im geöffneten Schnabel sichtbar. Gehörgang trichterförmig. Hintere Extremität im Kniegelenk gebeugt, 4strahlig. Genitalhöcker trichterförmig.	Wie 24.		Die Membranae pleuroperitoneales tragen das Infundibulum des MÜLLERschen Ganges.	Intervertebral verengt.	Die Wände des Telencephalon zeigen Schichtung. Mediale Wand derselben sehr dünn. Ganglienhügel mächtig. Mesencephalon dünnwandig. Im Rhombencephalon Auftreten von Fasersystemen. Paraphyse mit Knospenbildung.	Freie Augenlider und Iris angelegt. Sklera knorpelig.	Columella knorpelig.	Äußere Öffnung epithelial verschlossen.	Gang lang ausgezogen, solid.
30 Fig. 30 und 30a. Tafel II und III.	20 mm Scheitel-Steiß. 13 mm Schnabelspitze-Mittelhirn. Schnittdicke 10 μ.	Unterschnabel etwas länger als Oberschnabel, auf diesem Andeutung des Eizahns. Nasenöffnung am Schnabelrücken. Im Kreis gestellte Höcker auf der Cornea. Plica semilunaris am Auge. Daumenspitze frei. Metatarsen stark verlängert. Fuß plattenartig verbreitert. Schwanzspitze zapfenförmig. Kein Sinus cervicalis.	Wie 24.		Pleuroperitonealmembranen tragen den Trichter des MÜLLERschen Ganges. Hiatus pleuroperitonealis weit offen.	Im Schädel stark verschmälert.	[illegible] ventriculi IV vorhanden. Mittelhirnwand mit Schichtenbildung. Vordere Kommissur breit. Epiphyse rechts verlagert. Sack mit Sprossenbildung. Paraphyse gestieltes Bläschen mit Sprossen. Medullarrohr am Schwanzende unregelmäßig, mit der Chorda verbunden.	Pecten als langer gefäßhaltiger Spalt. Iriswinkel differenziert. Ringwulst der Linse angelegt. Pars ciliaris retinae und Retinaschichten differenziert.	Ohrkapsel knorpelig. Paukenhöhle entwickelt langen dünnen Fortsatz mit selbständigem Lumen dorsalwärts.	Tränenkanal noch nicht mit Nasenepithel verbunden.	Gang solid, aber durchwegs erhalten, teilweise doppelt.

Mund	Kiemenspalten und Derivate, Respirationstractus	Darm und Drüsen	Urogenitalsystem	Gefäßsystem und Milz	Extremitäten	Integument	Skelett	Amnion	Allantois	Vergleich mit dem Huhn
	Larynx epithelial atretisch. Thyreoidea groß mit [illegible] Sprossenbildung. [illegible] Trachealknorpel [illegible]. In der Lunge [illegible]. [illegible] knorpelig. [illegible] geschlossen.	Kranialer Oesophagusabschnitt [illegible] Magen [illegible] erster Anfang der [illegible] Pankreasanlagen vereinigt. [illegible] Epithelialpfropf mit [illegible]	Vornierenglomerulus [illegible] **kranialen** [illegible] **ganzen** [illegible]	**Rechte** [illegible] Septum [illegible] Milz groß.	[illegible] **langen** **knorpelig.**		Wirbelkörper und Bogen [illegible] knorpelig.			Entspricht etwa Keibel N.T. No. 80, Fig. 30. Unterschied: Hals besser abgesetzt und länger.
	Larynx epithelial atretisch, aber in Lösung. [illegible] Thyreoidea zeigt Sprossenbildung.	Zungenspitze [illegible] Oesophagus [illegible] **reich** verzweigt.	[illegible] **aber** [illegible] **ganz** [illegible] **In** [illegible]	Septum [illegible] **noch vor**handen. **Deut**liche [illegible] Milz als großer Höcker.	**Die langen Knochen** knorpelig. Carpus, Tarsus und Phalangen noch Vorknorpel.	**Die einzelnen Federanlagen noch nicht gesondert.**	**In Schädel**basis, **Unter**kiefer **und** Wirbel**bogen Knorpelbildung.**			Entspricht etwa Keibel N.T. No. 82, Fig. 31. Unterschiede: noch keine Verknöcherungen, keine gesonderten Federanlagen.
	Wie bei No. 28.	Muskelmagen [illegible] **Drüsenmagen** noch keine **deutlich** gesonderten Drüsen. [illegible]	Vornierenglomerulus [illegible] **d**- [illegible]	Septum [illegible] Milz [illegible]	[illegible] **fang an Tibia und Fibula.**	**Nur am Steiß gesonderte Federanlagen.**	Wirbelkörper **und** [illegible] knorpelig.			Entspricht etwa Keibel N.T. No. 84, Fig. 32, doch fehlen getrennte Federanlagen, mit Ausnahme der Steißgegend, und die Verknöcherung ist nicht so weit vorgeschritten.
	Larynx durchgängig. Bronchialbaum stark erweitert. In der Thyreoidea Zellstränge ohne Lumen.	Epithelialreste **des** Oesophagus [illegible] Bursa Fabricii eng, schlauchförmig.	Vornierenglomerulus links klein, rechts fehlend. [illegible] **von** [illegible] Zellen.	Septum cordis vollständig. [illegible] **balkenartig** angeordnet, mit großen Bluträumen.	Die langen [illegible] **Meta**carpen **mit** perichondraler Knochenschicht. **Hand knorpelig.**	[illegible] **den** Feder[illegible]	Schädelbasis und [illegible] knorpelig. [illegible]			Entspricht etwa Keibel N.T. No. 89, Fig. 33, doch sind die Federanlagen weniger weit differenziert. Schwanzspitze nicht differenziert.

Best.	Maße	Körperform	Primitivstreifen	Urwirbel	Cölom	Chorda	Nervensystem	Auge	Ohr	Nase	Hypophyse
31 Fig. 31 und 31 a. Tafel II und III.	22 mm Scheitel-Steiß, 14 mm Schnabelspitze-Scheitel. Schnittdicke 10 µ.	Eischwiele am Schnabel. Die Federanlagen stehen am dorsalen Skleralrand in 3 Reihen, am kaudalen in einer Reihe. Nickhaut halbmondförmig. Colobom schwach sichtbar. Im äußeren Gehörgang Trommelfell und Columella sichtbar. Finger- und Zehenenden frei. Federanlagen von der Mitte des Halses an, auf dem ganzen Rücken, an der Brust, am Oberschenkel und am Steiß vorhanden, an den freien Extremitäten noch nicht.	Hinteres Chordaende noch mit Ektoderm verbunden.		Ductus pleuroperitoneales noch weit offen.	Intervertebral verengt. Hinteres Chordaende mit dem Ektoderm in Zusammenhang.	Plexusbildung in der Decke des 4. Ventrikels. Lobus olfactorius lang ausgezogen. Rinde der Hemisphären differenziert. Nucleus septi angelegt. Epiphyse lappig. Paraphyse mit Lumen und Sprossenbildung. Zentralkanal in der Schwanzspitze erweitert, von der Chorda abgelöst.	Deutlicher Conjunctivalsack. Chorioidealpigment.	Differenzierung der Sinnesepithelien.	Äußere Nasenöffnung epithelial verschlossen. Tränennasengang solid, mit dem Nasenepithel verbunden.	Hypophysengang noch als feiner Strang. Drüse lappig, reich verzweigt.
32 Tafel II.	26 mm größte Länge. 16 mm Kopflänge. Schnittdicke 10 µ.	Lidspalte oval, Nickhaut reicht bis an den Cornealrand. Eizahn prominent. Trommelfell in der Tiefe des äußeren Gehörganges sichtbar. Extremitäten im wesentlichen ausgebildet. Endphalangen der Zehen abgegliedert. Federanlagen stehen zwischen Auge und Ohr in 3 Reihen. Kopf, Hals und Rumpf mit einzelnen abgrenzbaren Federfluren bedeckt. Am Unterschenkel und Vorderarm gleichfalls Federanlagen. Physiologische Nabelhernie.	Schwanzspitze differenziert.		Pleurahöhle fast vollständig geschlossen.	Im Schädel stark verschmälert, im Rumpf intervertebral verbreitert.	Schichtenbildung in Kleinhirn, Mittelhirn und Riechlappen. Alle Kommissuren ausgebildet. Epiphyse mit soliden und hohlen Sprossen. Zirbelpolster stark gefalteter Sack. Paraphyse Schlauch mit spärlicher Sprossenbildung. Rückenmark reicht bis zur Schwanzspitze. Zentralkanal daselbst unbedeutend erweitert. Kein Sinus rhomboidalis sacralis.	Nickhaut groß. Verkleinerung des Conjunctivalsackes in Lösung. Pecten hoch und dünn. Corpus ciliare reich gefaltet.	Paukenhöhle geräumig. Trommelfell dünn. Neben der Paukenhöhle langer dünner Epithelschlauch. Lagenaepithel gefaltet. Statolithen ausgebildet. Saccus endolymphaticus weit, mit spärlicher Faltenbildung.	Im Nasenepithel Cystenbildung. Nebenhöhlen wachsen aus. Nasenmuschel stark eingerollt. Tränennasengang solid, ragt mit einem Epithelpfropf in die Nasenhöhle.	Hypophysengang unterbrochen.
33 Tafel II.	27 mm größte Länge (Kopf abgeknickt), 18 mm Kopflänge.	Cornea halbkugelig vorgewölbt. Nickhaut bedeckt einen Teil des Cornealrandes. Schnabel mit deutlichem Eizahn. Daunen am Steiß und Oberschenkel. Am Daumen sowie an der übrigen Hand Federanlagen. Krallenanlagen am Daumen und an den Zehen. Pigment in den Steiß- und Oberschenkelfluren. Nabelhernie noch groß.									

Kiementaschen und thyreo. Epithelkörperchen	Magen und Darm	Urogenitalsystem	Gefäßsystem und Herz	Extremitäten	Integument	Skelett	Amnion	Allantois	Vergleich mit dem Huhn
Larynxeingang epithelial **verschlossen. Lunge** stellen**weise** mit der **Pleura** costalis **verwachsen, Anlagen der Luftsäcke.**	[illegible]	Reste eines Vor... [illegible] des Wolffschen Körpers in Rückbildung. [illegible] **den** [illegible] **der** [illegible] **Lumen, aber** ohne **Verbindung** mit **demselben.**	[illegible]	[illegible]	**Federanlagen papillenförmig. Eizahn.**	[illegible] **Sternalanlagen noch nicht vereinigt.**			[illegible]
Larynx am Aditus verklebt. 3 Paar ventrale Luftsäcke **an** der **Lunge angelegt.**	[illegible] **offenem** Ein**gang.**	[illegible] **MÜLLERscher** Gang **fehlt. Nur** das [illegible] **Ende** [illegible]	Septum aorticopulmonale vollendet, [illegible] doppelt.	[illegible]	**Am** Steiß lange Federpapillen.	[illegible] **gewebig; Clavicula knöchern. Sternum knorpelig mit Kamm.**			**Entspricht etwa KEIBEL N.T. No. 91, Fig. 15, doch fehlt ein Sinus rhomboidalis sacralis.**

Zusammenfassende Besprechung der Organentwicklung.

Primitivstreifen und Chorda.

In dem anfänglich soliden Primitivstreifen (Stadium 1 und 2) tritt kurz nach dem Erscheinen des Kopffortsatzes der Chordakanal auf, der aber an keinem der untersuchten Embryonen der ganzen Länge nach durchgängig ist. Seine vordere Oeffnung ist bei Stadium 3 nachweisbar, der Kanal selbst aber ziemlich unregelmäßig und unterbrochen; die hintere, in die Primitivrinne mündende Oeffnung ist bei ganz jungen Embryonen nicht nachweisbar und erst bei Stadium 7 B (mit 7 Urwirbeln) beobachtet. Ein Canalis neurentericus wird erst bei Stadium 10 C vermerkt, ist bei den folgenden Embryonen nicht vollständig durchgängig, bei Stadium 15 und 16 offen und von da an (von der Bildung von etwa 35 Urwirbeln an) dauernd geschwunden. Der Zusammenhang von Schwanzdarm, Chorda und Rückenmarksende ist noch bei Stadium 22 mit voll entwickelter Urwirbelreihe (52 Urwirbel) nachweisbar; dann schwindet der erstere, aber Chorda und Rückenmarksende hängen noch bei Stadium 30 zusammen, und selbst bei Stadium 31, dem drittletzten unter den abgebildeten Embryonen, ist ein Zusammenhang zwischen dem Chordaende und dem Ektoderm der Schwanzspitze nachweisbar. Erst von da ab ist die Schwanzspitze differenziert, der letzte Rest des Primitivstreifens geschwunden.

Die Primitivrinne schneidet schon in jungen Stadien, namentlich in ihrem vorderen Abschnitt, sehr tief in den Primitivstreifen ein, in ihrem Grunde erscheint häufig eine Art Dotterpfropf (Stadium 4 A, 5, 7). Vielfach beginnt die Differenzierung der Chorda zu beiden Seiten einer solchen tiefen, noch offenen Primitivrinne, und man sieht dann deutlich die Rinne in die Chordaanlage einschneiden oder dieselbe vollständig in zwei Anlagen teilen (Stadium 5, 8, 9, 10 B). Bei der weiteren Differenzierung des Primitivstreifens werden die zwei Chordaanlagen zunächst nicht vollständig miteinander vereinigt, sondern das kaudale Chordaende behält ein zentrales Lumen, das anfangs von der Primitivrinne ausgeht (Stadium 7 B, 10 A und 10 B), später mit dem Canalis neurentericus (Stadium 12 A, 15, 16) und schließlich, unter bläschenförmiger Erweiterung, mit dem Schwanzdarm in Verbindung bleibt (Stadium 17, 17 A, 18). Doch geht das Lumen vor dem Schwinden des Schwanzdarmes (Stadium 23) verloren. Die Teilung der Chordaanlage durch den Canalis neurentericus ist bei Stadium 10 C vermerkt; bei Stadium 12 ist ein Lumen in der Chorda vor dem hier rinnenförmigen, nach unten eröffneten, eigentlichen Chordakanal vorhanden.

Das Lumen des kaudalen Chordaendes, das nicht ohne weiteres einem Chordakanal in der üblichen Bedeutung des Wortes gleichzusetzen ist, ist an anderem Material schon von anderen Autoren (GASSER, C. K. HOFFMANN) gesehen worden.

Die Ablösung des vorderen Chordaendes vom Entoderm erfolgt ungefähr bei Ausbildung von 19 Urwirbeln (Stadium 10 B; 10 C mit Abgliederung des 20. Urwirbels hat noch keine vollständig freie Chorda).

Urwirbel.

Im allgemeinen wurden, wie eingangs erwähnt, die Embryonen nach der Zahl der Urwirbel geordnet. Das Fortschreiten der allgemeinen Entwicklung stimmt auch im ganzen sehr gut mit der Zunahme der Urwirbelzahl überein. Nur zweimal wurde eine Durchbrechung dieser Regel verzeichnet: Stadium 11, mit 21 Urwirbeln, ist deutlich weniger weit entwickelt als Stadium 12, bei dem der 21. Urwirbel noch nicht vollständig abgegliedert ist, und ebenso ist Stadium 18, mit 44 Urwirbeln, sichtlich hinter Stadium 19, an dem erst 43 Urwirbel zählbar sind, zurückgeblieben. Die Urwirbelzahl kann also auch beim Kiebitz nicht als absolutes Maß für die erreichte Entwicklungsstufe gelten. Allerdings ist der Ausgangspunkt der Zählung, der Beginn der Urwirbelreihe am Kopfe, im Zusammenhang mit den hier ablaufenden Rückbildungsprozessen an den Urwirbeln nicht immer mit Sicherheit an dieselbe Stelle zu verlegen.

Cölom.

Das Cölom erscheint in seinen ersten Anfängen bei Stadium 4, zur Zeit der Abgliederung des 1. Urwirbels, und nimmt rasch an Ausdehnung zu. Schon während des Bestehens von 4 Urwirbeln ist das Cölom in der Herzgegend deutlich weiter als kaudal davon (Stadium 4 A und 5), um zur Zeit der Abgliederung des 5. Urwirbels (Stadium 6) in die von Schauinsland für Wasservögel beschriebene ballonförmige Auftreibung zu beiden Seiten des Embryo überzugehen. Diese Auftreibung reicht bei Stadium 9, mit 10 Urwirbeln, bis an das kaudale Ende des Embryo. Bei Stadium 10, mit 13 Urwirbeln, beginnt die Scheidung von embryonaler und extraembryonaler Leibeshöhle. Bei Stadium 10 C (mit 19–20 Urwirbeln) ist eine Pericardialhöhle mit offenen Ductus pleuropericardiaci abgrenzbar; die Pericardialhöhle entsendet Divertikel in den Mandibularbogen. Bei Stadium 12 A, mit 25 Urwirbeln, findet sich wohlabgrenzbares branchiales Mesoderm, streckenweise mit Lumen, im Mandibular- und Hyoidbogen. Bei den folgenden Stadien hat dasselbe, wenigstens im Bereiche des Mandibularbogens, wiederholt noch deutlichen Anschluß an das Pericard. Bei Stadium 15, mit 33 Urwirbeln, ist im 4 Kiemenbogen das branchiale Mesoderm abgrenzbar. Von da an beginnt allmählich die Rückbildung, aber erst bei Stadium 23, nach Abschluß der Urwirbelbildung, ist das geschlossene branchiale Mesoderm in voller Auflösung begriffen.

Kurz darauf erhält das Pericard seinen ventralen Abschluß. Bei Stadium 24 ist von den Ductus communicantes ventrales der linke, bei Stadium 25 sind beide geschlossen. Bei Stadium 26 werden die Ductus pleuropericardiaci stark in die Länge gezogen, die Pleuroperitonealmembranen angelegt. Bei Stadium 27 ist das Pericard vollkommen abgeschlossen. Bei Stadium 29 rückt das Infundibulum des Müllerschen Ganges auf die Pleuroperitonealmembran. Bei Stadium 32 ist die Pleuroperitonealhöhle durch fast vollständige Obliteration der Ductus pleuroperitoneales nahezu geschlossen.

Die Kopfhöhlen treten zuerst bei Stadium 10, mit 13 Urwirbeln, kaudal vom 1. Aortenbogen auf. Bei Stadium 10 B, mit 19 Urwirbeln, sind sie schon sehr groß, bei Stadium 10 C, mit 19–20 Urwirbeln, vielfach gebuchtet. Bei Stadium 19, mit 45 Urwirbeln, sind sie stark verkleinert, bei Stadium 20, mit 48 Urwirbeln, verschwunden.

Zentralnervensystem.

Schon bei Abgliederung des 1. Urwirbels (Stadium 4) gelangen die Ränder der Medullarrinne zur Berührung; aber erst zur Zeit der Abgliederung des 8. Urwirbels (Stadium 7 B und 8) erfolgt Verschmelzung der Medullarlippen und kurz darauf (bei Ausbildung von 8 Urwirbeln, Stadium 8 A) teilweise Ablösung des Medullarrohres vom Ektoderm. Schon vorher, wenn 4 Urwirbel gebildet sind (Stadium 4 A), wird das Mittelhirn, und kurz darauf (Stadium 6) auch Vorder- und Hinterhirn kenntlich. Der Verschluß von vorderem und hinterem Neuroporus findet ziemlich gleichzeitig statt (bei einem Entwicklungsstadium zwischen Stadium 10 A, mit 14 Urwirbeln, und 10 B, mit 19 Urwirbeln). Zur selben Zeit tritt auch die Scheitelbeuge und die Verdünnung der Decke des 4. Ventrikels, sowie die Ausbildung der Neuromeren des Hinterhirns auf. Die Neuromeren verschwinden wieder bei Stadium 22, zugleich mit der vollen Ausbildung der Urwirbelreihe. Die Anlage der Hemisphären als Verdickung der lateralen Wand des Telencephalon erscheint bei Stadium 15, mit 33 Urwirbeln, das Velum transversum als plumpe Falte bei Stadium 16, mit 34—35 Urwirbeln. Als Bläschen erscheinen die Hemisphären bei Stadium 17, mit 38 Urwirbeln. Der Lobus olfactorius beginnt bei Stadium 21, mit 50 Urwirbeln, sich abzugrenzen. Der Plexus chorioideus lateralis erscheint bei Stadium 24.

Die Epiphyse ist bei Stadium 13, mit 26 Urwirbeln, eben angelegt, bei Stadium 14, mit 27 Urwirbeln, nicht nachweisbar, bei Stadium 15, mit 33 Urwirbeln, noch auf einer sehr frühen Entwicklungsstufe. Hier ist also ein gewisses Schwanken im Zeitpunkt des Auftretens zu vermerken. Sprossen an der Epiphyse sind zuerst bei Stadium 22 verzeichnet. Das Zirbelpolster wird bei Stadium 21, mit 50 Urwirbeln, kenntlich. Die Paraphyse tritt spät auf (erst bei Stadium 24) und erreicht überhaupt keine besonders hohe Ausbildung.

Im Rückenmark beginnt Randschleier- und Strangbildung etwa bei Stadium 17, mit 38 Urwirbeln. Bei Stadium 22 sind die Hauptstränge angelegt. Die bläschenartige Erweiterung des Zentralkanals im kaudalen Rückenmarksende findet sich bis zu Stadium 32; ein Sinus rhomboidalis sacralis wurde nicht beobachtet.

Auge.

Das erste Auftreten der primären Augenblasen ist bei Stadium 7 A, mit 5 Urwirbeln, verzeichnet. Bei Stadium 10 A, mit 14 Urwirbeln, beginnt die Absetzung der Blase vom Gehirn, also die Ausbildung des Opticus. Bei Stadium 10 B, mit 19 Urwirbeln, tritt die Linsenplatte auf. Doch ist dieselbe bei dem Embryostadium 10 C, bei welchem sich ein 20. Urwirbel in Abgliederung findet, noch nicht deutlich. Bei Stadium 12 A, mit 25 Urwirbeln, beginnt die Einstülpung der primären zur sekundären Augenblase und die Bildung des Linsensäckchens, in dem sich bei keinem der untersuchten Embryonen abgestoßene Zellen nachweisen lassen. Bei Stadium 15, mit 33 Urwirbeln, ist das Linsensäckchen geschlossen, aber noch nicht vollständig abgeschnürt, der Opticus gut abgegrenzt. Bei Stadium 17, mit 38 Urwirbeln, ist die Linse abgeschnürt, die Bildung der Linsenfasern beginnt. Das Mesoderm fängt an in das Colobom vorzudringen. Bei Stadium 20, mit 48 Urwirbeln, schiebt sich das Mesoderm auch zwischen Linse und Cornealepithel ein. Hier ist auch zuerst Retinalpigment nachweisbar. Die Anlage von Iris und Sklera ist bei Stadium 23, nach Abschluß der Urwirbelbildung, verzeichnet. Die Nervenfaserschicht der Retina findet sich zuerst bei Stadium 24. Bei Stadium 27 ist die Sklera vorknorpelig. Bei Stadium 28 ist das Lumen des Opticus vollkommen geschwunden. Processus ciliares, Zonulafasern und Randwulst der Linse sind angelegt. Bei Stadium 29 ist die Sklera knorpelig; die Augenlider werden gebildet. Bei Stadium 30 erscheint der Pecten als langer, gefäßhaltiger Sproß. Pars ciliaris retinae und die Retinaschichten sind differenziert. Bei Stadium 31 wird das Chorioidealpigment und ein teilweise offener Conjunctivalsack nachweisbar.

Der Tränennasengang ist bei Stadium 25 nachweisbar, bei Stadium 27 weist er zwei Tränenröhrchen auf. Erst bei Stadium 31 erreicht er das Nasenepithel. Ein Lumen gewinnt er bis zum Ende der untersuchten Stadienreihe nicht.

Ohr.

Die erste Einsenkung der Hörplatte zeigt sich bei Stadium 10, mit 13 Urwirbeln. Bei Stadium 14, mit 27 Urwirbeln, ist das Hörbläschen bis auf eine kleine offene Stelle abgeschnürt. Bei Stadium 15, mit 33 Urwirbeln, ist das Hörbläschen geschlossen, aber mit dem Ektoderm noch in Zusammenhang. Die Anlage eines Ductus endolymphaticus ist nicht nachweisbar. Bei Stadium 16, mit 34—35 Urwirbeln, ist die Abschnürung noch nicht so weit gegangen, da hier noch eine feine Kommunikation nach außen besteht.

Bei Stadium 18, mit 41 Urwirbeln, werden Pars superior und inferior labyrinthi unterscheidbar. Bei dem wenig weiter entwickelten Embryo 19 wird der Ductus und Saccus endolymphaticus nachweisbar. Die Bogengangstaschen sind bei Stadium 23, nach Abschluß der Urwirbelbildung, angedeutet, die Lagena zu dieser Zeit schon gut erkennbar. Bei Stadium 24 sind obere und hintere Bogengangstasche geschlossen, ihre Wände verklebt. Bei Stadium 25 sind diese beiden Taschen durchgebrochen, die äußere Tasche noch weit offen. Erst bei Stadium 27 sind alle 3 Bogengänge abgeschnürt und von Knorpelkästen umgeben, die Kapsel der Lagena bereits zu Vorknorpel differenziert. Bei Stadium 28 differenzieren sich die Sinnesepithelbezirke, die ganze Ohrkapsel ist vorknorpelig. Bei Stadium 32 sind die Statolithen vorhanden; die Paukenhöhle ist geräumig, das Trommelfell dünn.

Nase.

Die Riechplatte wird bei Stadium 12 A, mit 25 Urwirbeln, nachweisbar. Bei Stadium 15, mit 33 Urwirbeln, beginnt dieselbe einzusinken; bei Stadium 18, mit 44 Urwirbeln, sind die Riechgruben sackartig vertieft. Die Muschelbildung beginnt mit einem Wulst an der lateralen Nasenwand bei Stadium 23, nach Abschluß der Urwirbeldifferenzierung. Bei Stadium 24 sind die Choanen offen, der primäre Gaumen gebildet, zwei Muschelwülste an der lateralen Wand sichtbar. Ein medialer Muschelwulst tritt bei Stadium 26 auf; gleichzeitig verkleben die äußeren Nasenöffnungen. Bei Stadium 28 ist das Skelett der Muscheln vorknorpelig, bei Stadium 32 treten die Nebenhöhlen der Nase auf.

Hypophyse.

Die Hypophysenanlage ist das erste Mal als flache Bucht bei Stadium 10 B, mit 19 Urwirbeln, nachweisbar. Bei Stadium 14, mit 27—28 Urwirbeln, ist die Hypophyse schlauchförmig. Sprossenbildung tritt bei Stadium 17, mit 38 Urwirbeln, auf. Bei Stadium 20, mit 48 Urwirbeln, und bei den folgenden ist jederseits ein Seitensproß besonders deutlich. Bei Stadium 26 beginnt die Obliteration des Hypophysenganges, die erst bei Stadium 29 vollzogen ist; bei Stadium 32 ist der Gang unterbrochen. Bei Stadium 30 finden sich streckenweise zwei Gänge.

Mund.

Eine flache Mundbucht findet sich bei Stadium 10 B, mit 19 Urwirbeln. Der erste Durchbruch der Rachenhaut findet sich bei Stadium 13, mit 26 Urwirbeln, an ihrem kaudalen Ende, zwischen den beiden Unterkieferwülsten. Bei Stadium 14, mit 27—28 Urwirbeln, sind nur mehr Reste der Rachenhaut nachweisbar. Bei Stadium 15, mit 33 Urwirbeln, sind diese Reste verschwunden.

Kiementaschen und ihre Derivate; Respirationstract.

Die erste Kiementasche erreicht bei Stadium 10, mit 13 Urwirbeln, das Ektoderm, die zweite Tasche ist bei Stadium 10 A, mit 14 Urwirbeln, angelegt und erreicht bei Stadium 10 B, mit 19 Urwirbeln, bei dem auch die dritte Tasche erscheint, gleichfalls das Ektoderm. Bei Stadium 12 A, mit 25 Urwirbeln, erstreckt sich auch die dritte Tasche wenigstens mit einem Teil ihrer Seitenfläche bis an das Ektoderm; die erste Spalte beginnt durchzubrechen. Die vierte Tasche tritt zuerst beim Stadium 14, mit 27—28 Urwirbeln, auf und erreicht bei Stadium 15, mit 33 Urwirbeln, gerade das Ektoderm. Doch ist dieses Verhalten nicht ganz konstant, da bei Stadium 16, mit 34—35 Urwirbeln, der Kontakt mit dem Ektoderm noch nicht hergestellt ist. Bei Stadium 17 ist auch die fünfte, bei Stadium 20 die sechste Tasche angelegt. Bei Stadium 17 sind erste und zweite Spalte durchgängig, bei Stadium 19, mit 43 Urwirbeln, auch die dritte Spalte. Die seitliche Schilddrüsenanlage differenziert sich aus der sechsten Tasche bei Stadium 21, mit 50 Urwirbeln, zur Zeit der Abgrenzung der Thymus. Bei Stadium 23, nach Abschluß der Urwirbelbildung, sind sämtliche Spalten wieder epithelial verschlossen, die seitliche Schilddrüsenanlage vom Pharynx abgelöst und mit zentralem Lumen versehen. Gleichzeitig setzt auch die Umbildung der ersten und zweiten Tasche in die Paukenhöhle resp. die Tonsille ein. Bei Stadium 24 ist auch die Thymusanlage abgelöst; bei Stadium 25 besitzt sie ein feines Lumen.

Das Verhalten der mittleren Schilddrüsenanlage ist anfänglich ein ziemlich schwankendes. Bei Stadium 14, mit 27–28 Urwirbeln, findet sich eine seichte Thyreoidearinne, bei 15, mit 33 Urwirbeln, eine solide, am Ende geteilte Knospe, bei 16, mit 34–35 Urwirbeln, ein gestieltes Säckchen, bei 17, mit 38 Urwirbeln, ein offener Schlauch, bei 19, mit 43 Urwirbeln, ein langer, solider, am Ende verdickter Strang, bei 20, mit 48 Urwirbeln, ein vom Epithel abgelöster solider Zellknoten, der bei 21, mit 50 Urwirbeln, ein Lumen aufweist. Bei Stadium 24 ist die Thyreoidea geteilt, bei 27 beginnt die Sprossenbildung. Die Stammknospen der Lunge treten lange vor der Trachealrinne, bei Stadium 15, mit 33 Urwirbeln, auf. Bei Stadium 17, mit 38 Urwirbeln, finden wir jede Stammknospe für sich kranialwärts in eine Rinne fortgesetzt. Beim Embryo 17 A, mit 40 Urwirbeln, beginnt die Bildung der Trachea, die bei Stadium 18, mit 44 Urwirbeln, bereits vollendet ist. Bei Stadium 23, nach Abschluß der Urwirbelbildung, treten die ersten Seitenknospen der Lungen auf. Im Stadium 24 ist der Larynx epithelial verschlossen, und dieser Zustand erhält sich (mit Ausnahme von Stadium 30) bis zum Schlusse der untersuchten Reihe. Das Larynxskelett ist bei Stadium 25 vorknorpelig. In Stadium 26 treten Nebenbronchien 2. Ordnung auf, bei Stadium 27 solche 3. Ordnung. Starke Erweiterung einzelner Teile des Gangsystems der Lunge findet sich schon bei Stadium 28. Bei Stadium 31 verwächst die Lunge stellenweise mit der Pleura costalis, die Luftsäcke werden angelegt; bei Stadium 32 sind schon 3 Paar ventraler Luftsäcke zu erkennen.

Darm und Drüsen.

Die vordere Darmbucht erscheint bei Stadium 4, zugleich mit der Abgliederung des 1. Urwirbels, die hintere zuerst beim Embryo 12 A, mit 25 Urwirbeln, fehlt bei Stadium 13 und 14 und wird erst bei 15, mit 33 Urwirbeln, wieder deutlich. Gleichzeitig wird die Magenanlage und ihre Drehung erkennbar. Die Blinddärme erscheinen bei Stadium 20, mit 48 Urwirbeln. Die Zweiteilung des Magens ist bei Stadium 22, mit 51–52 Urwirbeln, verzeichnet. Zur selben Zeit steht der Darmnabel schon nahe dem Verschlusse, die epitheliale Atresie des Oesophagus, die im Rahmen der untersuchten Stadienreihe noch nicht zur vollständigen Lösung gelangt, beginnt. Die Verdickung der Wand des Muskelmagens ist in Stadium 23, nach Abschluß der Urwirbelbildung, bereits sehr ausgesprochen, die ersten Spuren der Drüsenbildung im Drüsenmagen finden sich bei Stadium 27, die Sekretschichtenbildung im Muskelmagen zuerst bei Stadium 29.

Eine frei vorwachsende Zungenspitze, die Anlage des Kropfes und die epitheliale Atresie des Rectums treten bei Stadium 28 auf. Längsfalten im Darm erscheinen bei Stadium 31, die Anlagen der Speicheldrüsen bei Stadium 32.

Der Schwanzdarm ist am Abgang von der Kloake bei Stadium 17 A, mit 40 Urwirbeln, und 19, mit 43 Urwirbeln, obliteriert, bei Stadium 18, mit 44 Urwirbeln, noch durchwegs mit einem feinen Lumen, das nur am kaudalen Ende ampullär erweitert ist, versehen. Bei Stadium 20, mit 48 Urwirbeln, ist er von der Kloake abgetrennt, bei 23, nach Abschluß der Urwirbelbildung, verschwunden.

Die Bursa Fabricii erscheint im Stadium 25 als solider Epithelsproß, bei Stadium 26 besitzt sie im distalen Teil ein Lumen, das bei 32 mit dem ektodermalen Teil der Kloake kommuniziert.

Die Leberanlage erscheint bei Stadium 12, mit 20—21 Urwirbeln, als unregelmäßige Verdickung des Entoderms; bei 12 A, mit 25 Urwirbeln, findet sich in dieser Verdickung ein bläschenartiges Divertikel des Darmlumens als kraniale Leberanlage. Bei Stadium 14, mit 27—28 Urwirbeln, ist die kraniale Anlage schon vielfach verzweigt, die kaudale erscheint als Ausbuchtung an der vorderen Darmpforte. In den folgenden Stadien sind wiederholt Lumina in den Leberschläuchen nachweisbar. Bei Stadium 18, mit 44 Urwirbeln, ist die Anlage der Gallenblase deutlich.

Die dorsale Pankreasanlage ist zuerst im Stadium 15, mit 33 Urwirbeln, zu finden, bei Stadium 18, mit 44 Urwirbeln, beginnt ihre Verzweigung. Die ventralen Pankreasanlagen sind bei Stadium 17, mit 38 Urwirbeln, noch zweifelhaft, bei Stadium 18, mit 44 Urwirbeln, vorhanden; bei Stadium 20, mit 48 Urwirbeln, beginnt auch an ihnen Sprossenbildung. Die Verwachsung der Pankreasanlagen erfolgt erst im Stadium 26.

Urogenitalsystem[1]).

Die Anlage der Vorniere findet sich zuerst beim Embryo 7 B, mit 7 Urwirbeln, vom Bereiche des 7. bis zum künftigen Ende des 9. Urwirbels. Bei Stadium 9, mit 10 Urwirbeln, reicht die Anlage vom 6. bis 10. Urwirbel, bei Stadium 10, mit 13 Urwirbeln, vom 6. bis 11. Urwirbel. Hier tritt auch zuerst der Vornierengang auf; er beginnt am 10. Urwirbel und reicht um etwas mehr als Urwirbelbreite in das ungegliederte Mesoderm. Bei Stadium 10 B, mit 19 Urwirbeln, finden sich Vornierentrichter am 8. bis 12. Urwirbel, der Vornierengang beginnt am 9. Urwirbel und reicht wieder bis in das unsegmentierte Mesoderm. Bei Stadium 11, mit 21 Urwirbeln, sind Vornierenanlagen am 6. und den folgenden Urwirbeln erkennbar, der Wolffsche Gang beginnt am 11. Urwirbel. Im Stadium 12, mit 20—21 Urwirbeln, ist ein Vornierenkanälchen am 4. Urwirbel nachweisbar, der Wolffsche Gang beginnt schon am 7. Urwirbel. Bei Stadium 12 A, mit 25 Urwirbeln, ist ein Vornierenkanälchen mit Glomerulus und Trichter am 9. Urwirbel zu finden, der Wolffsche Gang beginnt am 10. Urwirbel. Er ist streckenweise bereits hohl. Mit zwei Trichtern beginnt der Gang in der Höhe des 9. Urwirbels bei Stadium 13 mit 26 Urwirbeln; knapp davor liegt der Vornierenglomerulus. Im Stadium 14, mit 27—28 Urwirbeln, sind Vornierenglomeruli vom 6. bis 10. Urwirbel nachweisbar, der Gang beginnt am 10. Urwirbel. Hier treten zuerst auch Urnierenkanälchen mit Glomeruli auf. Bis zu dieser Entwicklungsstufe ist also das Bild der Vornierenausbildung ein ungemein wechselndes, und auch der Beginn des Wolffschen Ganges kann in ziemlich verschiedenen Höhen gelegen sein.

Von da ab beginnt die Ausbildung eines einheitlichen, knapp vor dem Beginn des Wolffschen Ganges (11. bis 12. Urwirbel) gelegenen großen Vornierenglomerulus, der erst bei Stadium 27 kleiner wird, aber bis zum Schlusse der untersuchten Entwicklungsreihe in Resten nachweisbar ist.

Der Wolffsche Gang erreicht bei Stadium 15, mit 33 Urwirbeln, das Kloakenepithel und mündet bei Stadium 18, mit 44 Urwirbeln, offen in die Kloake ein.

Die Urniere weist bei Stadium 15 und 18 auch äußere Glomeruli auf. Die Reduktion des kranialen Urnierenteiles beginnt bei Stadium 29.

Der Ureter erscheint im Stadium 22, am Abschluß der Urwirbelbildung, als Seitensproß des Wolffschen Ganges. Die Verzweigung desselben beginnt bei Stadium 24. Im Stadium 28 erfolgt die Ablösung des Ureters vom Wolffschen Gang und die Verschiebung seiner Ausmündung auf die Kloake. Bei Stadium 32 reicht die bleibende Niere bis an den oberen Pol der Urniere.

1) Ausführliche Angaben über erste Vornierenentwicklung wurden inzwischen von H. Rabl (s. Literaturverzeichnis) unter Benutzung des Materials der Normentafel veröffentlicht.

Das Keimepithel differenziert sich bei Stadium 15, mit 33 Urwirbeln, doch sind die Urgeschlechtszellen anfangs nicht auf dasselbe beschränkt, sondern finden sich auch im benachbarten Peritonealepithel. Eine deutliche Vorwölbung der Keimdrüse findet sich erst im Stadium 21, mit 50 Urwirbeln. Bei Stadium 26 ist zum erstenmal das Geschlecht erkennbar; die linke Keimdrüse des (weiblichen) Embryo ist, so wie später, wesentlich größer als die rechte, während bei den männlichen Embryonen von diesem Entwicklungsstadium an ein nur unbedeutendes oder auch gar kein Ueberwiegen der linken Keimdrüse konstatierbar ist. Zellstränge in der (männlichen) Keimdrüse, als Anlage der Hodenkanälchen, sind zuerst bei Stadium 29 deutlich.

Der MÜLLERsche Gang wird als hoher Epithelstreifen im Stadium 22, mit 51—52 Urwirbeln, an der lateralen Seite der Urniere angelegt. Bei Stadium 23 beginnt die Trichterbildung, bei 24 ist der Gang bis über die halbe Urniere verfolgbar. Die Kloake erreicht der Gang bei Stadium 30, bei 32 mündet er kranial vom WOLFFschen Gang offen in dieselbe. Die Stadien 30—32 sind männliche Embryonen; während der Gang bei dem ersten noch durchwegs vorhanden ist, ist bei den beiden anderen sein mittlerer Anteil bereits gänzlich rückgebildet, bei Stadium 32 überhaupt nur mehr das Endstück erhalten.

Der Geschlechtshöcker ist von Stadium 24 an nachweisbar.

Die Nebennierenrinde erscheint im Stadium 25, bei 28 beginnt das Eindringen des neurochromaffinen Gewebes in dieselbe.

Gefäßsystem und Milz.

Im Fruchthof erscheinen die ersten Blutinseln bei Stadium 3, kurz vor der Differenzierung des 1. Urwirbels, zur Zeit des Auftretens der Medullarwülste. Vereinzelte, fragliche Herzendothelien finden sich zuerst bei Stadium 4 A, mit 4 Urwirbeln; deutlich und stellenweise mit Lumen versehen, sind sie bei Embryo 7 A, mit 5—6 Urwirbeln. Bei 7 B, mit 7 Urwirbeln, ist schon ein paariges Endothelrohr, stellenweise in Berührung, ausgebildet; bei Stadium 8 und 8 A, mit 8 Urwirbeln, sind die Endothelrohre noch durchwegs getrennt. Bei Stadium 9, mit 10 Urwirbeln, hängen die Endothelrohre auf einigen Schnitten zusammen. Bei Stadium 10, mit 13 Urwirbeln, ist der Herzschlauch einfach, schwach gekrümmt. Eine deutliche S-förmige Krümmung tritt im Stadium 10 B, mit 19 Urwirbeln, zugleich mit der Drehung des Kopfes, auf. Der Auricularkanal grenzt sich bei Stadium 12, mit 20—21 Urwirbeln, ab. Bei Stadium 17, mit 38 Urwirbeln, beginnt die Abgrenzung des Sinus venosus vom Vorhof, sowie die Ausbildung des Septum atriorum, der Endothelpolster am Foramen atrioventriculare und der Bulbuswülste. Reichliche Trabekelbildung der Kammer weist Stadium 18, mit 44 Urwirbeln, auf. Bei Stadium 20, mit 48 Urwirbeln, ist die rechte Sinusklappe als Einfaltung der Herzwand vorhanden, das Septum atriorum hoch, die Lungenvene bereits deutlich. Bei Stadium 21, mit 50 Urwirbeln, ist auch die linke Sinusklappe ausgebildet. Das Septum atriorum trägt am freien Rande ein Endothelkissen. Im Stadium 22, mit 51—52 Urwirbeln, ist das Septum atriorum größtenteils mit den Endothelkissen des Ohrkanals verwachsen und zeigt auch bereits einzelne kleine Durchbrechungen. Das Ventrikelseptum ist angelegt, der Bulbus in der Nähe des Ventrikels geteilt. Bei Stadium 24 ist der Bulbus bis auf das proximalste Stück geteilt. Bei Stadium 26 ist der Bulbus geteilt, das Septum ventriculorum noch unvollständig. Bei Stadium 27 sind Zipfel- und Semilunarklappen erkennbar. Erst bei Stadium 30 ist auch das Foramen interventriculare verschwunden.

Paarige dorsale Aorten, bis an die Abgangsstellen der Aa. omphalomesentericae ausgebildet, finden wir zuerst beim Stadium 8 A, mit 8 Urwirbeln. Der erste Aortenbogen ist im Stadium 9, mit 10 Urwirbeln, deutlich. Zwei Aortenbogen sind bei Stadium 10 B, mit 19 Urwirbeln, vorhanden. Vom dritten Aortenbogen erscheinen die ersten Anfänge (dorsale und ventrale Sprossen) beim Embryo 12 A, mit 25 Urwirbeln;

bei Stadium 13, mit 26 Urwirbeln, ist der Bogen vollständig, aber noch schwach. Die Bildung des vierten Bogens ist bei Stadium 14, mit 27—28 Urwirbeln, eingeleitet. Der sechste Bogen ist bei Stadium 17, mit 38 Urwirbeln, zu finden; ein fünfter und sechster, aber nur in Teilstücken, ist am Embryo 17 A, mit 40 Urwirbeln, nachweisbar. Bei Stadium 18, mit 44 Urwirbeln, sind 6 Bogen vorhanden, die beiden letzten sehr zart. Bei Stadium 19, mit 43 Urwirbeln, sind die beiden ersten Bogen unterbrochen, der fünfte Bogen, der im sechsten entspringt und endet, sehr schwach; später ist derselbe nicht mehr nachweisbar. Bei Stadium 24 ist die dorsale Carotiswurzel beiderseits und der vierte Bogen der linken Seite schon sehr schwach; bei Stadium 25 ist die dorsale Carotiswurzel, bei 26 der linke vierte Bogen unterbrochen.

Die Anlage des Milzhöckers ist im Stadium 19, mit 43 Urwirbeln, noch fraglich, bei Stadium 20, mit 48 Urwirbeln, bereits deutlich; sie enthält verdichtetes Mesoderm. Bei Stadium 21, mit 50 Urwirbeln, ist das Peritonealepithel auf dem Milzhöcker hoch. Bei Stadium 22, mit 51—52 Urwirbeln, ist schon die auch für spätere Stadien charakteristische reichliche Vaskularisation des Höckers zu erkennen.

Aeußere Form der Extremitäten.

Die erste Andeutung der Extremitätenleiste findet sich bei Stadium 14, mit 27—28 Urwirbeln. Bei Stadium 15, mit 33 Urwirbeln, ist bereits eine niedere Vorwölbung der Extremitätenleiste im Bereiche der späteren Extremitäten nachweisbar. Doch treten auch an Stadium 16, mit 34—35 Urwirbeln, die Extremitäten noch wenig hervor. Bei Stadium 17, mit 38 Urwirbeln, sind sie schon deutlich begrenzt, bei Stadium 18, mit 44 Urwirbeln, schon mit der Kuppe kaudalwärts gerichtet, die vordere ventralwärts abgebogen. Bei Stadium 19, mit 43 Urwirbeln, ist die vordere Extremität plattenförmig verbreitert. Bei Stadium 20, mit 48 Urwirbeln, sind an der vorderen Extremität die Hauptabschnitte, Ober-, Vorderarm und Handplatte, erkennbar; auch die hintere Extremität ist ventralwärts abgeknickt und am Ende plattenartig verbreitert.

Bei Stadium 23, nach Abschluß der Urwirbelbildung, ist an der Handplatte die Fingerstrahlenbildung eben angedeutet. An der hinteren Extremität sind Ober-, Unterschenkel und Fußplatte gesondert. Bei Stadium 24 hat die hintere Extremität die vordere an Länge erreicht. Bei Stadium 25 zeigen beide Extremitätenplatten Strahlenbildung und schwache Einkerbung des freien Randes. Bei dem Stadium 27 differenziert sich der Daumen und die Schultergegend; die hintere Extremität überholt an Größe, aber nicht an Differenzierung die vordere. Bei dem folgenden Embryo überwiegt der 2. Fingerstrahl die anderen. An der hinteren Extremität sondert sich die Metatarsalregion, und es sind 3 Strahlen in der Fußplatte deutlich ausgeprägt. Bei Stadium 29 erscheint der Großzehenhöcker. Bei Stadium 31 sind die Finger und die Zehen selbständig frei vorgewachsen. Die Innenzehe ist kleiner als die übrigen. In der Folge bekommen die Extremitäten ihre charakteristische Form.

Skelett

(einschließlich des Verhaltens der Chorda nach ihrer Ablösung).

Die blasige Umwandlung der Chordazellen beginnt bei Stadium 17, mit 38 Urwirbeln. Eine Elastica interna ist bei Stadium 20, mit 48 Urwirbeln, verzeichnet. An der Chorda und in der Extremitätenachse treten die ersten Gewebsverdichtungen auf. Bei Stadium 23, nach Abschluß der Urwirbelbildung, sind die Wirbelkörper im Blastemstadium. Bei Stadium 24 sind Wirbelkörper und Bogen und die Trabekel des Schädels im Blastemstadium, Unterkiefer und Columella, sowie die langen Knochen der Extremitäten sind vorknorpelig, die Fingerstrahlen erscheinen als Gewebsverdichtung. Im Stadium 25 tritt Knorpel in den langen Extremitätenknochen und der Scapula auf. Bei Stadium 27 ist nur das Hand- und Fußskelett noch vorknorpelig. Eine periostale Knochenschicht findet sich an den langen Extremitätenknochen im Stadium 30, in dem auch an den Phalangen Knorpelbildung aufgetreten ist. Bei Stadium 31 erfolgt das erste Einbrechen von Gefäßen in die knorpelige Diaphyse der langen Röhrenknochen, auf welche periostal bereits mehrere Knochenlamellen aufgelagert sind. Am Ober- und Unterkiefer tritt Deckknochenbildung auf. Im folgenden Stadium ist an den Metacarpen, Metatarsen und Phalangen periostale, an den anderen langen Knochen auch endochondrale Ossifikation eingetreten. Die Clavicula ist verknöchert. Die Sternalanlagen sind vereinigt und tragen ventral einen knorpeligen Kamm. An der Schädelbasis findet sich periostaler Knochen. Das Schädeldach ist noch bindegewebig.

Integument.

Als streifenförmige Epithelverdickung erscheinen die Federfluren zuerst im Stadium 26. Sie differenzieren sich zu gesonderten Federanlagen zuerst am Steiß im Stadium 29. Bei Stadium 30 tritt eine Reihe von Anlagen auch dorsal vom Auge auf. Bei dem Embryo des Stadiums 31 bilden die Federanlagen bereits deutliche Papillen, namentlich am Steiß. In Stadium 33 sind so ziemlich alle Federfluren angelegt und am Oberschenkel und am Steiß freie pigmentierte Dunen entwickelt.

Amnion.

Das Proamnion erreicht niemals einen besonders hohen Grad der Ausbildung. Bei den jungen Stadien findet sich fast durchwegs loses Zellmaterial zwischen seinen Blättern. Das Vorwachsen des Mesoderms und der Verlauf der Vena vitellina anterior im Proamnionrand unterscheidet sich nicht wesentlich vom Verhalten bei anderen Vögeln. Die Kopfkappe tritt im Bereich des Proamnion im Stadium 10, mit 13 Urwirbeln, auf. In Stadium 10 A, mit 14 Urwirbeln, ist das Mesoderm schon teilweise in die Kopfkappe vorgedrungen. Beim Embryo 10 B (19 Urwirbel) reicht das Amnion bis zum 2. Urwirbel und enthält an der ventralen Seite des Kopfes und in einem schmalen dorsalen Streifen noch Proamnion. Im Stadium 11, mit 21 Urwirbeln, reicht das Amnion bis zum 5. Urwirbel, beim Embryo 13, mit 26 Urwirbeln, bis zum 21. Urwirbel, bis an die Stelle des Abganges der Arteriae omphalomesentericae.

Zu dieser Zeit treten auch die seitlichen Amnionfalten etwas deutlicher hervor, doch erlangen sie niemals eine besondere Ausbildung. Im Stadium 15, mit 33 Urwirbeln, reicht das Amnion bis zum 31. Urwirbel, das Proamnion ist noch in Form eines schmalen rautenförmigen Bezirkes erhalten. Im Stadium 16, mit 34—35 Urwirbeln, ist das Amnion bis auf einen kleinen Antheil im Bereiche der Schwanzspitze geschlossen, ohne daß es zur Ausbildung einer hinteren Amnionfalte gekommen wäre. Beim Embryo des Stadiums 17, mit 38 Urwirbeln, ist ein Amnionnabelgang entsprechend dem hinteren Körperende erhalten. Von da ab ist das Amnion geschlossen.

Allantois.

Die Allantois erscheint zum erstenmal als ca. 50 μ lange Rinne hinter dem Canalis neurentericus im Stadium 11, mit 21 Urwirbeln. Beim Embryo 12 A, mit 25 Urwirbeln, stellt sie ein kleines medianes Bläschen hinter der Schwanzdarmbucht dar. Bei Stadium 14, mit 27—28 Urwirbeln, liegt sie noch kaudal vom Canalis neurentericus.

Auch bei Stadium 15, mit 33 Urwirbeln, ist sie noch kaudal von der hinteren Darmpforte gelegen, aber bereits etwas nach rechts gewendet. Beim Embryo 16, mit 34—35 Urwirbeln, ist sie schon nach rechts vorn gerichtet und in weiter Kommunikation mit dem Darm. Im folgenden Stadium differenziert sie sich als kleines Bläschen; beim Embryo 18, mit 44 Urwirbeln, ist sie etwa mohnkorngroß, bei den folgenden hirse- resp. hanfkorngroß. Bei Stadium 22, mit 51—52 Urwirbeln, ist sie erbsengroß, an der Außenseite abgeplattet und schildförmig mit der Serosa verwachsen.

Vergleich mit dem Huhn.

In der Rubrik „Vergleich mit dem Huhn“ wurde bei den einzelnen Stadien bereits ganz kurz auf die Verschiedenheiten zwischen den ungefähr gleich weit entwickelten Stadien der beiden Vogelarten hingewiesen. Eine Zusammenfassung der Angaben zeigt, daß sich die wichtigsten Unterschiede nach folgenden Gesichtspunkten ordnen lassen:

1) Primitivorgane und Eihäute,

2) äußere Körperform,

3) Unterschiede in der Schnelligkeit der Organentwicklung.

Ad 1. Das Auftreten des inneren Keimblattes und des Primitivstreifens (vgl. Röthig, 1907) konnte nicht beobachtet werden; betreffs der weiteren Differenzierung des Primitivstreifens ist auf die im vorhergehenden Kapitel zusammenfassend dargestellte Ausbildung des Chordakanales und Canalis neurentericus, sowie auf die paarige Anlage der Chorda und den in ihrem kaudalen Ende persistierenden Kanal hinzuweisen. Aehnliche Verhältnisse, die dem Huhn nicht zukommen, sind bei anderen Wasservögeln u. a. schon von C. K. Hoffmann, Zumstein, Schauinsland und Röthig gesehen worden und stellen zweifellos primitive Zustände dar. Mit dieser besonderen Entwicklung des Primitivstreifens hängt offenbar auch die auffallend späte Differenzierung der Schwanzspitze, das lange Bestehenbleiben des Schwanzdarmes und die Bildung eines Lumens im Chordaende der freien Schwanzspitze zusammen.

Eine Reihe von primitiven Merkmalen findet sich auch am Cölom. Hierher gehört die von Schauinsland für verschiedene Wasservögel beschriebene ballonförmige Auftreibung der Leibeshöhlen in der Herzgegend junger Stadien, ferner die mächtige Entwicklung der Kopfhöhlen, des branchialen Mesoderms und der Pericarddivertikel, die sich in dieses Mesoderm hinein erstrecken. Die Verhältnisse scheinen diesbezüglich beim Kiebitz noch viel weiter ausgebildet zu sein als bei der Möve (vgl. Rex, 1905).

Auch bezüglich der Differenzierung des Ektoderms ist in der klaren Abgrenzung der Plakoden der Hirnnerven ein ursprünglicher Charakter zu erblicken.

Die Eihäute zeigen gegenüber denen des Huhnes den Unterschied, daß die Schwanzkappe des Amnion nicht zur Ausbildung gelangt; dementsprechend liegt der Amnionnabel am kaudalen Ende der Amnionhöhle, und hier kommt es auch zur Ausbildung eines Amnionnabelganges. Die Allantois wächst etwas rascher als beim Huhn.

Ad 2. Der Artcharakter, soweit er in der äußeren Körperform zum Ausdruck gelangt, kennzeichnet sich zuerst durch frühzeitige Abgliederung und beschleunigtes Längenwachstum des Halses (Stadium 27), weiters durch rascheres Vorwachsen des Schnabels und Verlängerung der hinteren Extremitäten. — Von Unterschieden an inneren Organen sei der Mangel eines Sinus rhomboidalis sacralis erwähnt.

Ad 3. Von den bezüglich des Zeitpunktes der Organentwicklung und ihrer Differenzierung sich ergebenden Unterschieden sei hier nur einiges hervorgehoben.

So ist das Einreißen und Schwinden der Rachenhaut in einem verhältnismäßig frühen Stadium zu verzeichnen. Eine Reihe von Organen zeigt dagegen am Anfang ihrer Entwicklung ein gewisses Zurückbleiben. So entstehen Ductus endolymphaticus und Bogengangstaschen später als beim Huhn, während in älteren Entwicklungsstadien der Unterschied sich wieder ausgleicht. Etwas Aehnliches findet sich am Auge (Differenzierung des Opticus etc.); auch die Anlagen der Keimdrüsen, der Pleuroperitonealmembranen, die Verknöcherungen des Skelettes, die Federfluren treten etwas später auf. — Während wir die Unterschiede der ersten Gruppe fast durchwegs als primitive betrachten können, sind die der dritten Gruppe einer Erklärung vorläufig nicht zugänglich.

Literaturverzeichnis.

Das Literaturverzeichnis umfaßt die Arbeiten über Anatomie und Entwicklungsgeschichte der Vögel seit dem Jahre 1899 und schließt an das von Keibel und Abraham gegebene an. Zu seiner Zusammenstellung wurde die Literaturbeilage des Anatomischen Anzeigers benutzt. Hingewiesen sei hier noch auf das von O. Hertwig herausgegebene Handbuch der vergleichenden und experimentellen Entwicklungslehre der Wirbeltiere, dessen einzelne Mitarbeiter nicht besonders angeführt werden.

1907 Abelsdorff, G., Einige Bemerkungen über den Farbensinn der Tag- und Nachtvögel. Arch. f. Augenheilk., Bd. 58, Heft 1.

1901 Abraham, Karl, Beiträge zur Entwicklungsgeschichte des Wellensittichs (Melopsittacus undulatus). Anat. Hefte, Abt. 1, Arb. a. anat. Inst., Heft 56/57 (Bd. 17, Heft 3/4).

1904 Andrews, C. W., On the pelvis and hind-limb of Mullerornis betsilei M. Edw. and Grandid., with a Note on the occurrence of a Ratite Bird in the upper eocene beds of the Fayum, Egypt. Proc. of the Zool. Soc. London, Vol. 1, Pt. 1.

1905 Angelini, Giovanni, Mostruosità del becco in alcuni uccelli. Boll. Soc. Zool. Ital., Anno 14 (Ser. 2, Vol. 6), Fasc. 4/6.

1904 Arcangeli, Alceste, Ricerche istologiche sopra il gozzo del colombo all'epoca del cosidetto „allattamento". Monit. Zool. Ital., Anno 15, No. 7.

1905 Baldacci, E., Osservazioni e considerazioni sulla pigmentazione dell'iride dell'Athene Chiaradiae Gigl. Monit. Zool. Ital., Anno 16, No. 9.

1908 Baldacci, E., Morfologia dello sterno degli uccelli con ricerche originali. Prato, tip. Succ. Vestri. 4°.

1907 Balli, Ruggero, Sul connettivo di sostegno dei muscoli lisci dello stomaco degli uccelli. Ricerche istologiche e embriologiche. Monit. Zool. Ital., Anno 18, No. 1.

1903 Bardeleben, Karl v., Muskelsystem und Mechanik. Ergebnisse d. Anatomie u. Entwicklungsg., Bd. 13.

1908 Barfurth, Dietr., Experimentelle Untersuchungen über die Vererbung der Hyperdactylie bei Hühnern. 1. Mitteil.: Der Einfluß der Mutter. Arch. f. Entw.-Mech. d. Org., Bd. 26.

1902 Barfurth, Dietr., und Dragendorff, O., Versuche über die Regeneration des Auges und der Linse beim Hühnerembryo. Verh. d. Anat. Ges. a. d. 16. Vers. Halle a. S.

1907 Bath, W., Die Geschmacksorgane der Vögel und Krokodile. Berlin, Friedländer & Sohn. Sep. aus Archiv f. Biontol., Bd. 1.

1901 Beddard, Frank E., Notes on the anatomy of Picarian Birds. No. 4. On the skeletons of Bucorvus cafer and B. abyssinicus. With Notes on other Hornbills. Proc. of the Gen. Meet. for Sc. Business of the Zool. Soc. of London, Vol. 1, Part 1.

1903 Beddard, Frank E., On the modifications of structure in the syrinx of the Accipitres, with Remarks upon other points in the anatomy of that group. Proc. of the Zool. Soc. of London, Vol. 2, Pt. 1.

1906 Beddard, Frank E., A Note upon the tongue and windpipe of the American Vultures, with remarks on the interrelations of the genera Sarcorhamphus, Gypagus and Cathartes. Proc. of the Zool. Soc. of London, Vol. 2, Pt. 2, April 1906.

1905 Beddard, Frank E., A contribution to the knowledge of the arteries of the brain in the class Aves. Proc. Zool. Soc. London, Vol. 1.

1905 Beddard, Frank E., A contribution to the knowledge of the encephalic arterial system in Sauropsida. Proc. Zool. Soc. London, Vol. 2, Pt. 1.

1903 Beecker, A., Vergleichende Stilistik der Nasenregion bei den Sauriern, Vögeln und Säugern. Gegenbaurs Morph. Jahrb., Bd. 31, Heft 4.

1907 Boring, A. M., On the spermatogenesis of 22 species of Membracidae, Jassidae, Cercopidae and Fulgoridae. Journ. of Exper. Zool., Vol. 4, Pt. 4.

1902 Berliner, K., Die „Hofmannschen Kerne" (Kölliker) im Rückenmarke des Hühnchens. Anat. Anzeiger, Bd. 21, No. 10/11.

1900 Bertelli, D., Le pleure degli Uccelli. Verhandl. d. Anat. Ges. a. d. 14. Vers. Pavia. Ergänz.-Heft z. 18. Bd. d. Anat. Anzeiger.

1901 Bertelli, D., Sviluppo e conformazione delle pleure negli uccelli. Monit. Zool. Ital., Anno 12, No. 4.

1904 Bertelli, D., Sullo sviluppo del diaframma, dei sacchi aeriferi e della cavità pleuro-peritoneale nel Gallo domestico. (Nota prev.) Monit. Zool. Ital., Anno 15, No. 9.

1905 Bertelli, D., Ricerche di embriologia e di anatomia comparata sul diaframma e sull'apparecchio respiratorio dei Vertebrati. Il diaframma ed i sacchi aeriferi degli uccelli ecc. Arch. Ital. Anat. Embr. Firenze, Vol. 4.

1906 Bertelli, D., Sulla morfologia e sullo sviluppo della laringe degli uccelli. Monit. Zool. Ital., Anno 17, No. 9.

1904 Besta, Carlo, Sul modo di formazione della cellula nervosa nei gangli spinali del pollo. (Nota prev.) Rivista sperim. Freniatria, Vol. 30.

1904 Besta, Carlo, Ricerche intorno alla genesi ed al modo di formazione della cellula nervosa nel midollo spinale e nella protuberanza del pollo. Rivista sperim. Freniatria, Vol. 30.

1906 Bianchi, Vincenzo, Ricerche embriologiche ed anatomiche sul cervello anteriore del pollo. Ann. di Nevrol., Anno 24, Fasc. 1.

1906 Birch-Hirschfeld, A., Das Verhalten der Nervenzellen der Netzhaut im hell- und dunkeladaptierten Taubenauge. Zeitschr. f. Biol., Bd. 47, N. F. Bd. 29, Heft 4.

1906 Birch-Hirschfeld, A., Der Einfluß der Helladaptation auf die Struktur der Nervenzellen der Netzhaut nach Untersuchung an der Taube. Graefes Arch. f. Ophthalmol., Bd. 63, Heft 1.

1907 Blount, M., Early development of the Pigeons egg. Biol. Bull. Marine Biol. Laborat. Woods Holl, Mass., Vol. 13, No. 5.

1905 Blumstein-Judina, Beila, Die Pneumatisation des Markes der Vogelknochen. Anat. Hefte, Abt. 1 (Arb. aus dem anat. Inst.), Heft 87 (Bd. 29).

1905 Bordier et Galimard, J., Action des rayons X sur le développement de l'embryon du poulet. Lyon méd., Année 37, No. 8/9.

1904 Botezat, Eugen, Geschmacksorgane und andere nervöse Endapparate im Schnabel der Vögel. Biol. Centralbl., Bd. 24, No. 21/22.

1906 Botezat, Eugen, Die Nervenendapparate in den Mundteilen der Vögel und die einheitliche Endigungsweise der peripheren Nerven bei den Wirbeltieren. Zeitschr. f. wissensch. Zool., Bd. 84, Heft 2.

1904 Braitmaier, Heinrich, Ein Beitrag zur Histologie und Physiologie der Verdauungsorgane bei Vögeln. Diss. med., Tübingen.

1907 Branca, A., Le diamant du poulet. Développement morphologique. Compt. rend. Soc. Biol., T. 63, No. 26.

1907 Branca, A., Le diamant du poulet. Compt. rend. Assoc. Anat. 9. Réun. Lille.

1907 Branca, A., Le diamant du poulet. Journal de l'Anat. et de la Physiol., Année 43, No. 4.

1903 Breuer, Josef, Studien über den Vestibularapparat. Sitzungsbericht der Kais. Akad. der Wissenschaften, Bd. 112.

1900 Buri, Rud. D., Zur Anatomie des Flügels von Micropus melba und einiger anderer Coracornithes, zugleich Beitrag zur Kenntnis der systematischen Stellung der Cypselidae. Jenaische Zeitschr. f. Nat., Bd. 33, N. F. Bd. 26, Heft 3/4.

1905 Carlier, E. Wace, Note on the elastic tissue in the eye of Birds. Journ. of Anat. and Physiol., Vol. 40, Ser. 3 Vol. 1.

1906 Carlier, E. Wace, Note on the elastic tissue in the eye of Birds. Part 2. Journ. of Anat. and Physiol., Vol. 40, Pt. 2.

1908 Carlson, A. J., Changes in the Nissl's substance of nerve cells of the retina of the Cormorant, during prolonged normal stimulation. Americ. Journ. of Anat., Vol. 2, No. 3.

1902 Capobianco, F., Contributo alla costituzione dello strato cuticolo-ventricolare dello stomaco muscolare degli uccelli. Boll. Soc. Nat. Napoli, Anno 15, Ser. 1, Vol. 15.

1906 Carpenter, F. W., The development of the oculomotor nerve, the ciliary ganglion, and the abducent nerve in the chick. Cambridge, Mass., U. S. A., Museum. Bull. of the Museum of Compar. Zool. at Harvard Coll., Vol. 48.

1900 Cavalié, M., La préspermatogenèse chez le poulet. Compt. rend. 13. Congrès internat. de Méd., Paris, Section d'Histologie et d'Embryologie, 1900.

1902 Cavalié, M., Terminaisons nerveuses dans le testicule chez le lapin et chez le poulet, et dans l'épididyme chez le lapin. Compt. rend. Soc. Biol. Paris, T. 54, No. 9 (Réunion biol. de Bordeaux, 1902).

1903 Cavalié, M., Note sur le développement de la partie terminale des nerfs moteurs et des terminaisons nerveuses motrices dans les muscles striés, chez le poulet. Compt. rend. Soc. Biol., T. 56, No. 6 (Réun. biol. Nancy).

1900 Cerasola, G., Di un caso di ossificazione completa del pericardio di un anitra selvatica. Atti di Soc. Veneto-Trentina di Sc. nat. residente in Padova, Ser. 2, Vol. 4, Fasc. 1.

1898/99 Chaine, J., Sur les connexions du mylo-hyoïdien et du peaucier chez les oiseaux. Procès-verbaux des séances de la Soc. des Sciences phys. et nat. de Bordeaux.

1898/99 Chaine, J., Observations sur le mylo-hyoïdien des oiseaux. Comparaisons de ce muscle avec le mylo-hyoïdien de l'Echidné. Procès-verbaux des séances de la Soc. des Sciences phys. et nat. de Bordeaux.

1901 Chaine, J., Sur le dépresseur de la mâchoire inférieure du Chrysotis amazone (Chrys. amazonicus L.). Extr. des Procès-verbaux des séances de la Société des Sc. physiques et naturelles de Bordeaux.

1903 Chaine, J., Simples remarques anatomiques sur la formation tendineuse du dépresseur de la mâchoire inférieure des oiseaux. Compt. rend. Soc. Biol. (Réun. biol. Bordeaux), T. 55, No. 25.

1904 Chaine, J., Remarques sur la musculature de la langue des oiseaux. Compt. rend. Soc. Biol., T. 56, No. 21.

1904 Chaine, J., Nouvelles recherches sur la musculature de la langue des oiseaux. Compt. rend. Soc. Biol., T. 57, No. 25.

1905 Chaine, J., La langue des oiseaux. Étude de myologie comparative. Bull. scientif. de la France et de la Belgique, T. 39.

1905 Chaine, J., Réforme de la nomenclature myologique. Anat. Anz., Bd. 27, Ergänz.-Heft, Verh. Anat. Ges. Genf.

1905 Chaine, J., Le digastrique du Chimpanzé et l'origine phylogénique de ce muscle. Compt. rend. Soc. Biol., T. 59, No. 36.

1906 Chiarini, P., Changements morphologiques qui se produisent dans la rétine des vertébrés par l'action de la lumière et de l'obscurité. Deuxième partie. La rétine des reptiles, des oiseaux et des mammifères. Arch. ital. de Biol., T. 45.

1907 Chiarini, P., Cambiamenti morfologici che si verificano nella retina dei vertebrati per azione della luce e dell'oscurità. Parte 2. La retina dei rettili, degli uccelli e dei mammiferi. Boll. Accad. med. Roma, Anno 32, Fasc. 1/3.

1901 Chomjakoff, M., Zur Entwicklungsgeschichte des Schädels einiger Tagraubvögel. Anat. Anz., Bd. 19, No. 5/6.

1899/1900 Ciaccio, G. V., Della lingua degli Psittaci e sua struttura. Rendic. d. sess. d. R. Accad. d. Sc. d. Ist. d. Bologna, N. S. Vol. 4, Fasc. 4.

1905 Ciaccio, Carmelo, Sur la formation de nouvelles cellules nerveuses dans le sympathique des oiseaux. Compt. rend. Soc. Biol., T. 59, No. 36.

1906 Ciaccio, Carmelo, Ricerche istologiche e citologiche sul timo degli uccelli. Anat. Anz., Bd. 29.

1902 Cohn, Franz, Zur Entwicklungsgeschichte des Geruchsorganes des Hühnchens. Arch. f. mikrosk. Anat. u. Entwicklungsgesch., Bd. 61, Heft 2.

1903 Collin, R., Recherches sur le développement du muscle sphincter de l'iris chez les oiseaux. Bibliogr. anat., T. 12, Fasc. 5.

1903 Collin, R., Premiers stades du développement du muscle sphincter de l'iris chez les oiseaux. Compt. rend. Soc. Biol., T. 55, No. 26.

1906 Collin, R., Histolyse de certains neuroblastes au cours du développement du tube nerveux chez le poulet. Compt. rend. Soc. Biol., T. 60, No. 23.

1906 Collin, R., Evolution du nucléole dans les neuroblastes de la moelle épinière chez l'embryon de poulet. Compt. rend. de l'Assoc. des Anat. 8. Réunion, Bordeaux.

1903 Collins, Treacher, and Parsons, J. H., Anophthalmos and microphthalmos in a chick. Trans. Ophthalm. Soc. United Kingdom, Vol. 23.

1906 Conte, A., Sur une monstruosité d'un oeuf de poule. Bull. trimestriel de la Soc. d'Hist. nat. de Mâcon.

1904 Cords, Elisabeth, Beiträge zur Lehre vom Kopfnervensystem der Vögel. Anat. Hefte, Abt. 1 (Arb. a. d. anat. Inst.), Heft 76.

1900 Corning, H. K., Ueber die vergleichende Anatomie der Augenmuskulatur. Morph. Jahrb., Bd. 29, Heft 1.

1906 Conti, Alfredo, I ciechi dell'intestino terminale di Colymbus septentrionalis L. Atti Soc. Ital. Sc. nat. e Mus. civ. St. nat. Milano, Anno 45, Fasc. 2.

1905 Cosmettatos, G. F., Recherches sur la structure des lobes optiques du pigeon. Arch. d'Ophthalmol., T. 25, No. 5.

1901/02 Crevatin, Francesco, Sulle terminazioni nervose nelle papille linguali e cutanee degli uccelli. Rendic. delle sessioni d. R. Accad. di Sc. dell'Istituto di Bologna, N. S. Vol. 6, Fasc. 3.

1903 Cristiani, H., De la greffe thyroïdienne chez les oiseaux. Compt. rend. Soc. Biol., T. 55, No. 5.

1901 Chun, C., Ueber eigentümliche Schnabelbildung bei Nesthockern, speziell Leuchtorgane bei Prachtfinken. Verh. Ges. Deutscher Naturf. u. Aerzte 73. Vers. Hamburg, Teil 2, Heft 1.

1900 Cutore, Gaetano, Anomalie del sistema nervoso centrale ottenute sperimentalmente in embrioni di pollo. Anat. Anz., Bd. 18, No. 17.

1900 Cutore, Gaetano, Ricerche istologiche sulla „Anomalia del canale midollare in un embrione di pollo di 48 ore". Atti Accad. Gioenia di Sc. nat. in Catania, Vol. 13, Ser. 4, Mem. 15.

1902 Cutore, Gaetano, Di un embrione di pollo con amnios insufficientemente sviluppato ed estremo cefalico normale. Monit. Zool. Ital., Anno 13, No. 4.

1907 Dantschakoff, Wera, Ueber das erste Auftreten der Blutelemente im Hühnerembryo. Folia haematologica, Jg. 4, Suppl.-Heft 2.

1908 Dantschakoff, Wera, Ueber die Blutbildung im Dottersack des Hühnchens. Verhandl. Anat. Ges. Berlin, 1908.

1908 Dantschakoff, Wera, Untersuchungen über die Entwicklung von Blut und Bindegewebe bei Vögeln. Das lockere Bindegewebe des Hühnchens im fetalen Leben. Arch. f. mikr. Anat., Bd. 73.

1908 Dantschakoff, Wera, Untersuchungen über die Entwicklung des Blutes und Bindegewebes bei den Vögeln. I. Die erste Entstehung der Blutzellen beim Hühnerembryo und der Dottersack als blutbildendes Organ. Anat. Hefte, Bd. 37.

1901 Deditius, Karl, Beiträge zur Akustik des Stimmorgans der Sperlingsvögel. Ber. d. Verh. d. 5. internat. Zool.-Kongr. Berlin.
1902 Deditius, Karl, Beiträge zur Akustik des Stimmorgans der Sperlingsvögel. Journ. f. Ornithol., Jg. 50, Heft 1.
1905 Dragonello, M., Exportation des canaux demi-circulaires chez les pigeons. Dégénérescences consécutives dans l'axe cérébrospinal. Arch. Ital. de Biol., Vol. 44.
1906 Denker, Alfred, Die Membrana basilaris im Papageienohr und die Helmholtzsche Resonanztheorie. Festschr. f. J. Rosenthal. (Vollendung 70. Lebensjahr).
1907 Denker, Alfred, Das Gehörorgan und die Sprechwerkzeuge der Papageien. Eine vergl.-anat.-physiol. Studie. Wiesbaden, Bergmann.
1902 Dexter, F., The development of the paraphysis in the common Fowl. American Journ. of Anat., Vol. 2, No. 1.
1907 Dietrich, Marcell, Ueber osteologische Charakteristika der Strigiformes. Ein Beitrag zur Osteologie der Nachtraubvögel. Diss. phil. Bern.
1904 Disselhorst, R., Ausführapparat und Anhangsdrüsen der männlichen Geschlechtsorgane. In: Lehrbuch der vergl. mikrosk. Anat. d. Wirbeltiere, herausgeg. von A. Oppel, Jena, Bd. 4.
1908 Disselhorst, R., Gewichts- und Volumzunahme der männlichen Keimdrüsen bei Vögeln und Säugern in der Paarungszeit. Unabhängigkeit des Wachstums. Anat. Anz., Bd. 32, No. 5.
1903 Doyon, M., et Jouty, A., Ablation des parathyroïdes chez l'oiseau. Compt. rend. Soc. Biol., T. 56.
1904 Dubuisson, H., Résorption du vitellus dans le développement du poulet. Compt. rend. Soc. Biol., T. 57, No. 29.
1904 Dubuisson, H., Contribution à l'étude de la résorption du vitellus pendant le développement embryonnaire. Compt. rend. Acad. Sc., T. 139, No. 18.
1905 Dubuisson, H., Formation du vitellus chez le moineau. Compt. rend. Acad. Sc., T. 141, No. 20.
1905 Dubuisson, H., Dégénérescence des ovules chez le moineau, la poule et le pigeon. Compt. rend. Soc. Biol., T. 59, No. 33.
1903 Dugès, A., Un poulet monstrueux. Mem. y Rev. Soc. cientif. „Antonio Alzate", T. 18.
1907 Dunski, Stanislav Pankrat v., Die pathologischen Veränderungen des Eies und Eileiters bei den Vögeln. Berlin, Schoetz.
1906 Eastman, C. R., Fossil avian remains from Armissan. Mem. of the Carnegie Mus., Vol. 2, No. 2.
1907 Edgeworth, F. H., The development of the head-muscles in Gallus domest. and the morphology of the head-muscles in the Sauropsidae. Quart. Journ. Microsc. Sc., N. Ser., No. 204 (Vol. 51, Pt. 4).
1903 Edinger, L., Sur l'anatomie comparée du corps strié (cerveau des oiseaux). Compt. rend. de l'Assoc. des Anat. Sess. 5 Liége.
1902 Edwards, Charles Lincoln, The physiological zero and the index of development for the egg of the Domestic Fowl, Gallus domesticus. American Journ. of Physiol., Vol. 6, No. 6.
1907 Ehrlich, Hans, Zur Frage der Balztaubheit bei Tetrao urogallus. Anat. Anz., Bd. 31, No. 7/8.
1901 Fabani, C., Alcune osservazioni sull'apparecchio tegumentario degli uccelli. Sondrio, tip. d. Corriere de la Valtellina.
1904 Fatio, V., Faune des Vertébrés de la Suisse. Vol. 2: Oiseaux, Partie 2. Genève.
1907 Fedorow, W., Zwei Fälle von Verästelung des Zentralkanales des Medullarrohres beim Hühnchen. Anat. Anz., Bd. 31, 1907.
1901 Féré, Ch., Nouvelle note sur la persistance des tératomes expérimentaux du poulet. Compt. rend. Soc. Biol. Paris, T. 53, No. 10.
1902 Féré, Ch., Oeuf de poule contenant un autre œuf. Compt. rend. Soc. Biol. Paris, T. 54, No. 11.
1904 Ferret, P., Influence tératogénique des lésions des enveloppes secondaires de l'œuf de poule. Arch. d'Anat. microsc., T. 7, Fasc. 1.
1904 Ferret, P. E., Essai d'embryologie expérimentale; influence tératogénique des lésions des enveloppes secondaires de l'œuf de poule. Thèse de Nancy.
1903 Ferret, P., et Weber, A., Recherches sur l'influence tératogénique de la lésion des enveloppes secondaires dans l'œuf de poule. Compt. rend. Soc. Biol., T. 56, No. 2.
1903 Ferret, P., et Weber, A., Nouveau procédé tératogénique applicable aux œufs d'oiseaux. Compt. rend. Soc. Biol., T. 56, No. 2.
1903 Ferret, P., et Weber, A., Anomalies de l'aire vasculaire de l'embryon de poulet obtenues expérimentalement. (Note préliminaire.) Arch. de Zool. expér. et gén., Sér. 4, T. 2, No. 4, Notes et Revue.
1903 Ferret, P., et Weber, A., Influence de la piqûre des enveloppes secondaires de l'œuf de poule sur l'orientation de l'embryon. (Note préliminaire.) Arch. de Zool. expér. et gén., Sér. 4, T. 2, No. 4, Notes et Revue.
1903 Ferret, P., et Weber, A., Spécificité de l'action tératogénique de la piqûre des enveloppes secondaires dans l'œuf de poule. Compt. rend. Soc. Biol., T. 56, No. 6 (Réun. biol. Nancy).
1903 Ferret, P., et Weber, A., Phénomènes de dédoublement du tube nerveux chez de jeunes embryons de poulet. (Note prélim.) Bibl. anat., T. 13, Fasc. 1.

1903 Ferret, P., et Weber, A., Malformations du système nerveux central de l'embryon de poulet obtenues expérimentalement: I. Anomalies résultant de l'absence de fermeture partielle ou totale de la gouttière nerveuse. Compt. rend. Soc. Biol., T. 56, No. 6.

1903 Ferret, P., et Weber, A., Malformations du système nerveux central de l'embryon de poulet obtenues expérimentalement: III. Anomalies des ébauches oculaires primitives. Compt. rend. Soc. Biol., T. 56, No. 6 (Réun. biol. Nancy).

1903 Ferret, P., et Weber, A., IV. Cloisonnements du tube nerveux d'embryons de poulet. Compt. rend. Soc. Biol., T. 56, No. 6 (Réun. biol. Nancy).

1904 Ferret, P., et Weber, A., Une monstruosité rare des embryons d'oiseau (Tourentérie). (Note prélim.) Compt. rend. de l'Assoc. des Anat. Toulouse. Bibliogr. anat., Supplém.

1904 Ferret, P., et Weber, A., A propos de la piqûre des enveloppes secondaires de l'œuf de poule. Compt. rend. Soc. Biol., T. 56, No. 15.

1904 Ferret, P., et Weber, A., A propos de la parité des ébauches épiphysaires et paraphysaires chez l'embryon de poulet. Compt. rend. Soc. Biol., T. 56, No. 11 (Réun. biol. Nancy).

1904 Ferret, P., et Weber, A., Modifications apportées à la forme du corps des jeunes embryons d'oiseau par les malformations du système nerveux central. Compt. rend. Soc. Biol., T. 56, No. 11 (Réun. biol. Nancy).

1906 Filatoff, D., Zur Frage über die Anlage des Knorpelschädels bei einigen Wirbeltieren. Anat. Anz., Bd. 29, 1906.

1906 Fischer, G., Vergleichend-anatomische Untersuchungen über den Bronchialbaum der Vögel. Zoologica, Heft 45, Bd. 19, Lief. 1.

1902 Fleury, S., Contribution à l'étude du système lymphatique. Structure des ganglions lymphatiques de l'oie. Thèse de doctorat en méd. Montpellier.

1908 Foot, Katharine, and Strobell, E. C., A study on the chromosomes in the spermatogenesis of Anasa tristis. Amer. Journ. Anat., Vol. 7.

1907 Forsyth, David, The comparative anatomy, gross and minute, of the thyroid and parathyroid glands in Mammals and Birds. Journ. of Anat. and Physiol., Vol. 42, Pt. 2.

1908 Forsyth, David, The comparative anatomy, gross and minute, of the thyroid and parathyroid glands in Mammals and Birds. Pt. 2. Journ. of Anat. and Physiol., Vol. 42, Ser. 3 Vol. 3, Pt. 3.

1902 Fragnito, O., Lo sviluppo della cellula nervosa nel midollo spinale di pollo. Ann. di Nevrologia, Napoli, Anno 20, Fasc. 3.

1902 Fragnito, O., Le développement de la cellule nerveuse dans la moelle épinière du poulet. Bibliogr. anat., T. 11, Fasc. 3.

1907 Franz, V., Bau des Eulenauges und Theorie des Teleskopauges. Biol. Centralbl., Bd. 27, No. 9.

1908 Franz, V., Das Pecten, der Fächer, im Auge der Vögel. Biol. Centralbl., Bd. 28, No. 14.

1908 Franz, V., Der Fächer im Auge der Vögel. Verhandl. Deutsch. Zool. Ges. 18. Vers. Stuttgart.

1902 Fürbringer, Max, Zur vergleichenden Anatomie des Brustschulterapparates und der Schultermuskeln. Jenaische Zeitschr. f. Naturwissensch., Bd. 36 (N. F. Bd. 29), Heft 3/4.

1908 Fuchs, Hugo, Ueber das Vorkommen selbständiger knöcherner Epiphysen bei Sauropsiden. Anat. Anz., Bd. 32, No. 14.

1907 Ganfini, Carlo, Sulla presenza di cellule gangliari nell'ovaio di Gallus dom. Bibliogr. anat., T. 16, Fasc. 2.

1905 Gassi, Salvatore, Sullo sviluppo della cellula nervosa nel midollo e negli gangli spinali del pollo. Pisani, Giorn. Patol. nerv. et ment., Vol. 26, Fasc. 1.

1903 Gasteau de Kerville, H., Veau et poulin à double tête. Le Naturaliste, Année 25, No. 386.

1906 Gentès, L., Recherches sur le développement des noyaux centraux du cervelet chez le poulet. Compt. rend. de l'Assoc. des Anat., 8. Réunion Bordeaux.

1908 Gemelli, C., Quelques recherches sur les premières phases de développement des neurofibrilles primitives chez l'embryon de poulet. Anat. Anz., Bd. 33.

1901 Ghigi, Alessandro, Anomalie negli arti posteriori di un pollo. Monit. Zool. Ital., Anno 12, No. 9.

1901 Ghigi, Alessandro, Sul significato morfologico della polidattilia nei Gallinacei. Ricerche fatte nel Laborat. Anat. norm. Univ. Roma ed in altri Laborat. biol., Vol. 8, Fasc. 2.

1900 Giacomini, Ercole, Sul presunto epitelio nella fascia interna della membrana testacea (membrana testae) dell'uovo di Gallina. Monit. Zool. Ital., Anno 11, No. 5.

1902 Giannelli, Luigi, Ricerche istologiche sul pancreas degli uccelli. Nota preventiva. Monit. Zool. Ital., Anno 13, No. 7.

1908 Giannelli, L., Contributo allo studio dello sviluppo del pancreas negli uccelli. Nota prev. Monit. Zool. Ital., Vol. 19.

1903 Göppert, E., Die Bedeutung der Zunge für den sekundären Gaumen und den Duct. nasopharyngeus. Gegenbaurs Morph. Jahrb., Bd. 31, Heft 2/3.

1908 Grosser, K., Sull'abbozzo e sul primo sviluppo del polmone nel Discoglossus pictus. Atti della Soc. Toscana di Sc. nat. resid. in Pisa, Memorie, Vol. 19, dedic. alla memoria di G. Meneghini.

1904 Graaf, Erich, Die Umbilicalgefässe beim Hühnerembryo. Diss. med. Bonn.

1906 Gräfe, Erich, Beiträge zur Entwicklung der Urniere und ihrer Gefäße beim Hühnchen. Arch. f. mikrosk. Anat. u. Entwicklungsgesch., Bd. 67, Heft 2.

1907 Graul, W., Zur Entwicklung von Vanellus cristatus. Arch. f. Naturgesch., 73. Jahrg.

1900 Guyer, F., Spermatogenesis in hybrid Pigeons. Abstr. Science, N. S. Vol. 11, No. 268.

1906 Groß, W., Die Primitivrinne der Fluß-Seeschwalbe (Sterna hirundo L.). Zeitschr. f. wiss. Zool., Bd. 86, Heft 3/4.

1899 Gross, A., Zur Kenntnis des Ovovitellins. Diss. med. Straßburg.

1907 Grosser, O., Die Elemente des Kopfvenensystems der Wirbeltiere. Verhandl. Anat. Ges. 21. Vers. Würzburg.

1900 Grundmann, Emil, Ueber Doppelbildungen bei Sauropsiden. Diss. veter.-med. Gießen.

1900 Grundmann, Emil, Ueber Doppelbildungen bei Sauropsiden. Anat. Hefte, Abt. 1, Arb. a. anat. Inst., Bd. 14, Heft 1.

1900 Guerri, N., Ricerche sui rapporti fra la tasca di Rathke et la tasca di Seessel negli uccelli. Nota riassuntiva. Ann. d. Facoltà di Med. di Univ. di Perugia e Mem. d. Accad. med.-chir. di Perugia, Vol. 12, Fasc. 1.

1900 Häcker, Val., Der Gesang der Vögel. Seine anatomischen und biologischen Grundlagen. Jena, G. Fischer.

1908 Hahn, H., Experimentelle Studien über die Entstehung des Blutes und der ersten Gefäße beim Hühnchen. Anat. Anz., Bd. 33.

1905 Hardesty, Irving, Observations on the spinal cord of the Emu and its segmentation. Journ. of Comp. Neurol. and Psychol., Vol. 15, No. 2.

1902 Harper, E. H., Fertilization in the pigeon's egg. Science, N. S. Vol. 15, No. 379.

1904 Harper, E. H., The fertilization and early development of the pigeon's egg. American Journ. of Anat., Vol. 3, No. 4.

1906 Heidrich, Kurt, Anatomisch-physiologische Untersuchungen über den Schlundkopf des Vogels, mit Berücksichtigung der Mundhöhlenschleimhaut und ihrer Drüsen bei Gallus domesticus. Dissert. vet.-med. Gießen.

1907 Heidrich, Kurt, Die Mund-Schlundkopfhöhle der Vögel und ihre Drüsen. Gegenbaurs Morph. Jahrb., Bd. 37, Heft 1.

1905 Heine, L., Seltene Mißbildung des Taubenauges. Verhandl. d. Gesellsch. Deutsch. Naturf. u. Aerzte 76. Vers., Breslau.

1907 Hess, C., Untersuchungen über Lichtsinn und Farbensinn der Tagvögel. Arch. für Augenheilk., Bd. 57, Heft 4.

1907 Hess, C., Ueber Dunkeladaptation und Sehpurpur bei Hühnern und Tauben. Arch. für Augenheilk., Bd. 57, Heft 4.

1902 Hildebrandt, W., Die erste Leberentwicklung beim Vogel. Anat. Hefte, Abt. 1, Heft 64/65.

1900 Hill, Charles, Two epiphyses in a four-day chick. Bull. Northwest Univ. Med. School, 1900.

1904 Hillers, Erich, Ueber die Vorderextremität von Eudyptes chrysocome und deren Entwicklung. Jen. Zeitschr. f. Naturwissensch., Bd. 38, Heft 4.

1901 Hodgkinson, A., Structure of the left auriculo-ventricular valve in Birds. Journ. of Anat. and Physiol., Vol. 36, N. S., Vol. 16, Part 1.

1900 Hofmann, Max, Zur vergleichenden Anatomie der Gehirn- und Rückenmarksarterien der Vertebraten. Zeitschr. f. Morph. u. Anthrop., Bd. 2.

1901 Hofmann, Max, Zur vergleichenden Anatomie der Gehirn- und Rückenmarksvenen der Vertebraten. Zeitschr. f. Morph. u. Anthrop., Bd. 3.

1902 D'Hollander, F., Le noyau vitellin de Balbiani et les pseudochromosomes chez les oiseaux. Verhandl. d. Anat. Ges. a. d. 16. Vers. Halle a. S.

1903 D'Hollander, F., Recherches sur l'oogenèse et sur la structure et la signification du noyau vitellin de Balbiani chez les oiseaux. Ann. de la Soc. de Méd. de Gand, Fasc. 3.

1904 D'Hollander, F., Les „pseudochromosomes" dans les oogonies et les oocytes des oiseaux. Bibliogr. anat., T. 13, Fasc. 1.

1904 D'Hollander, F., Recherches sur l'oogenèse et sur la structure et la signification du noyau vitellin de Balbiani chez les oiseaux. Arch. d'Anat. microsc., T. 7, Fasc. 1.

1902 Houssay, Fréd., Sur la mue, l'excrétion et la variation du rein chez des poules carnivores de seconde génération. Compt. Rend. Acad. Sc., T. 135, No. 23.

1903 Houssay, Fréd., Sur un poulet ayant vécu 7 jours après l'éclosion avec un second jaune inclus dans l'abdomen. Compt. Rend. Acad. Sc. Paris, T. 136, No. 26.

1907 Houssay, Fréd., Variations expérimentales. Études sur six générations de poules carnivores. Arch. de Zool. expér. et gén., Sér. 4, T. 6.

1908 Hubbard, Marian E., Some experiments on the order of succession of the somites in the chick. American Naturalist, Vol. 42, No. 499.

1906 Imhof, Gottlieb, Anatomie und Entwicklungsgeschichte des Lumbalmarkes bei den Vögeln. Arch. f. mikrosk. Anat. und Entwicklungsgesch., Bd. 65, Heft 3.

1907 Ingram, Collingwood, On Tongue-Marks in young birds. Ibis, Ser. 9, Vol. 1.

1908 Jolly, J., Sur le tissu lymphoïde des oiseaux. Comptes Rend. Assoc. Anat. 10. Réun., 1908.

1901 Kaestner, S., Doppelbildungen an Vogelkeimscheiben. 3. Mitteilung. Arch. f. Anat. u. Phys., Anat. Abt., Heft 4/5.

1902 Kaestner, S., Doppelbildungen an Vogelkeimscheiben. 4. Mitteilung. Arch. f. Anat. u. Phys., Anat. Abt., Heft 3/4.

1906 Kaestner, S., Ueber Wesen und Entstehung der omphalocephalen Mißbildungen bei Vogelembryonen. Anat. Anz., Bd. 29, No. 3/4.

1906 Kaestner, S., Studien an omphalocephalen Vogelembryonen. Arch. f. Anat. u. Phys., Jg. 1906, Anat. Abt., Heft 6.

1907 Kaestner, S., Doppelbildungen an Vogelkeimscheiben. 5. Mitteilung. Zugleich ein Beitrag zur Kenntnis der Doppelbildungen bei Amnioten im allgemeinen, besonders der Janusbildungen und der ihnen verwandten. Arch. f. Anat. u. Phys., Anat. Abt., Jahrg. 1907, Heft 3/4.

1905 Kalischer, Otto, Das Großhirn der Papageien in anatomischer und physiologischer Beziehung. (Abh. d. Preuß. Akad. d. Wiss.) Berlin, Reimer.

1905 Kallius, E., Beiträge zur Entwicklung der Zunge. Teil II: Vögel. Anat. Hefte, Abt. 1, Heft 85/86.

1906 Kallius, E., Beiträge zur Entwicklung der Zunge. Teil II: Vögel. 3. Melopsittacus undulatus. Anat. Hefte, Abt. 1, Heft 93 (Bd. 31, Heft 3).

1906 Kamon, K., Zur Entwicklungsgeschichte des Gehirns des Hühnchens. Anat. Hefte, Abt. 1, Heft 92 (Bd. 30, Heft 3).

1908 Kaufmann-Wolf, M., Embryologische und anatomische Beiträge zur Hyperdactylie (Houdanhuhn). Morpholog. Jahrbuch, Bd. 38.

1901 Keibel, F., Ueber die Entwicklung von Melopsittacus undulatus. Compt. rend. de l'Assoc. des Anatomistes Sess. 3 Lyon.

1901 Kraft, Georg Theobald, Ueber den Bastard von Stieglitz und Kanarienvogel. Arch. f. Entwickl.-Mech., Bd. 12, Heft 3.

1903 Köhler, A., Ueber die Bildung des Chorions bei Pyrrhocoris aptera. Zool. Anz., Bd. 26, No. 706.

1901 Kölliker, Albert v., Ueber einen noch unbekannten Nervenzellenkern im Rückenmark der Vögel. Anz. d. K. Akad. Wiss. Krakau, Math.-naturw. Kl., No. 25.

1902 Kölliker, A., Ueber die oberflächlichen Nervenkerne im Marke der Vögel und Reptilien. Zeitschr. f. wissensch. Zool., Bd. 72, Heft 1.

1902 Kölliker, A., Weitere Beobachtungen über die Hofmannschen Kerne am Mark der Vögel. Anat. Anzeiger, Bd. 21, No. 3/4.

1901 Kopsch, Fr., Ueber die Bedeutung des Primitivstreifens beim Hühnerembryo und über die ihm homologen Teile bei den Embryonen der niederen Wirbeltiere. Verh. d. 5. internat. Zool.-Kongr. Berlin.

1902 Kopsch, Fr., Zur Abwehr. Anat. Anz., Bd. 21, No. 1. (Betr. Entwicklung des Hühnchens gegen Metschnikow.)

1902 Kopsch, Fr., Bemerkungen zu Metschnikows Berichtigungen. Anat. Anz., Bd. 22, No. 14/15. (Entwicklung des Hühnchens betr.)

1902 Kose, Wilhelm, Ueber das Vorkommen einer „Carotisdrüse" und der „chromaffinen Zellen" bei Vögeln. Nebst Bemerkungen über die Kiemenspaltenderivate. Anat. Anz., Bd. 22, No. 7/8.

1904 Kose, Wilhelm, Ueber die Carotisdrüse und das „chromaffine Gewebe" der Vögel. Anat. Anz., Bd. 25, No. 24.

1907 Kose, Wilhelm, Die Paraganglien bei den Vögeln. Arch. f. mikroskop. Anat., Bd. 69, Heft 3/4.

1904 Kosaka, K., und Hiraiwa, K., Ueber die Facialiskerne beim Huhn. Jahrb. f. Psych. u. Neurol.

1904 Krause, Georg, Die Columella der Vögel (Columella auris avium), ihr Bau und dessen Einfluß auf die Feinhörigkeit. Neue Untersuchungen und Beiträge zur komparativen Anatomie des Gehörorgans. Berlin, Friedländer u. Sohn.

1905 Küster, Ernst, Die Innervation und Entwicklung der Tastfeder. Gegenbaurs Morph. Jahrb., Bd. 34, Heft 1.

1901 Kulczycki, Wladimir, Die Entwicklungsgeschichte des Schultergürtels bei den Vögeln, mit besonderer Berücksichtigung des Schlüsselbeins (Gallus, Columba, Anas). Anat. Anz., Bd. 19, No. 23/24.

1908 Kulczycki, Wlad., Zur Entwicklungsgeschichte des Schlüsselbeins und der Hautmuskulatur bei den Vögeln und insbesondere beim Kanarienvogel. Anat. Anz., Bd. 32, No. 5.

1903 Kulczycki, Wl., Przyczynek do historyi rozwoju ręku barkowego u ptaków. (Contributions à l'étude du développement de la ceinture scapulaire des oiseaux.) Kosmos, Lwów, Vol. 28.

1903 Kunstler, J., Le mécanisme des pennes anormales. Mém. de la Soc. d. Sc. phys. et nat. de Bordeaux, Sér. 6, T. 3.

1902 Lachi, P., Intorno ai nuclei di Hoffmann-Kölliker o lobi accessori del midollo spinale degli uccelli. Anat. Anz., Bd. 21, No. 1.

1908 Landmann, O., An open cleft in the embryonic eye of a chick of eight days. Anat. Anz., Bd. 32, No. 17/18.

1903 Langley, J. N., On the sympathetic system of birds, and on the muscles which move the feathers. Journ. of Phys., Vol. 30.

1907 Lapicque, Louis, Différence sexuelle dans le poids de l'encéphale chez les animaux. Rat et moineau. Compt. rend. Soc. Biol., T. 63, No. 38.

1906 Lapicque, L., et Girard, P., Poids de diverses parties de l'encéphale chez les oiseaux. Compt. rend. Soc. Biol., T. 60, No. 25.

1901 Laveran, Au sujet de la structure des hématies des oiseaux. Compt. rend. Soc. Biol. Paris, T. 53, No. 7.

1908 Lecaillon, A., Sur les modifications qui peuvent se produire dans la structure de la cicatricule de l'œuf non fécondé des oiseaux. Compt. rend. Soc. Biol., T. 64, No. 14.

1908 Lécaillon, A., Sur les changements qui se produisent, après la ponte, dans l'aspect extérieur de la cicatricule de l'œuf non fécondé de la poule. Compt. rend. Soc. Biol., T. 64, No. 21.

1908 Lefevre, George, and Mc Gill, Caroline, The chromosomes of Anasa tristis and Anax junius. American Journ. of Anat., Vol. 7, No. 4.

1907 Leiber, Adolf, Vergleichende Anatomie der Spechtzunge. Zoologica, Heft 51.

1902 Lewin, Max, Ueber die Entwicklung des Schnabels von Eudyptes chrysocome. Jenaische Zeitschr. f. Naturw., Bd. 37, N. F. Bd. 30, Heft 1.

1903 Lewis, W. H., Wandering pigment cells arising from the epithelium of the optic cup, with the development of the m. sphincter pupillae in the chick. Amer. Journ. of Anat., Vol. 2, No. 3.

1904 Lillie, F. R., Experimental studies on the development of organs in the embryo of Gallus domesticus. Biol. Bull. of the Marine Biol. Laborat. Woods Holl, Mass., Vol. 7, No. 1.

1902 Livini, F., La doccia ipobranchiale negli embrioni di pollo. Monit. Zool. Ital., Anno 13, Suppl. (Rendic. 3. Assemblea dell' Unione Zool. Ital. Roma.)

1903 Livini, F., La doccia ipobranchiale negli embrioni di pollo. Arch. ital. di Anat. e di Embriol., Vol. 2, Fasc. 1.

1905 Livini, F., Abbozzo dell'occhio parietale in embrioni di uccelli (Columba livia dom., Gallus dom.). Monit. Zool. Ital., Anno 16, No. 5.

1905 Livini, F., Formazioni della volta del proencefalo in embrioni di uccelli. Nota prel. Monit. Zool. Ital., Anno 16, No. 12.

1906 Livini, F., Intorno ad alcune formazioni accessorie della volta del proencefalo in embrioni di uccelli (Columba livia dom. e Gallus dom.). Anat. Anz., Bd. 28, No. 9/10.

1906 Livini, F., Formazioni della volta del proencefalo in alcuni uccelli. Ricerche anatomiche ed embriologiche. Arch. Ital. di Anat. e di Embr., Vol. 5, Fasc. 3.

1906 Locy, William A., The fifth and sixth aortic arches in chick embryos with comments on the condition of the same vessels in other Vertebrates. Anat. Anz., Bd. 29, No. 11/12.

1899 Loisel, Gustave, La préspermatogenèse chez le moineau. Compt. rend. Soc. Biol. Paris, Sér. 11, T. 1.

1900 Loisel, Gustave, Étude sur la spermatogenèse chez le moineau domestique. Journal de l'Anat. et de la Physiol., Année 36, No. 2.

1900 Loisel, Gustave, Divisions cellulaires directes dans le canalicule séminifère du moineau. Association franç. pour l'Avancem. des Scienc. Compt. rend. 28. Sess., Part. 1.

1900 Loisel, Gustave, Développement d'ovules de poule incubés dans l'albumen de canard. Compt. rend. Soc. Biol. Paris, T. 52, No. 27.

1901 Loisel, Gustave, Études sur la spermatogenèse chez le moineau domestique. Journ. de l'Anat. et de la Phys. norm. et pathologique, Année 37, No. 2.

1902 Loisel, Gustave, Études sur la spermatogenèse chez le moineau domestique. (Suite et fin.) Journ. de l'Anat. et de la Physiol., Année 38, No. 2.

1902 Loisel, Gustave, Sur les fonctions du corps de Wolff chez l'embryon d'oiseau. Compt. rend. Soc. Biol. Paris, T. 54, No. 28.

1903 Loisel, Gustave, Élaborations graisseuses périodiques dans le testicule des oiseaux. Compt. rend. de l'Assoc. des Anat. Sess. 5, Liége.

1903 Loisel, Gustave, Les graisses du testicule chez quelques Sauropsides. Compt. rend. Soc. Biol., T. 55, No. 23.

1903 Loisel, Gustave, Origine et fonctionnement de la glande germinative chez les embryons d'oiseaux. Compt. rend. de l'Assoc. des Anat. Sess. 5, Liége.

1905 Loisel, Gustave, Études sur l'hérédité de la coloration du plumage chez les pigeons voyageurs. Compt. rend. Soc. Biol., T. 58, No. 10.

1905 Loisel, Gustave, Contribution à l'étude de l'hybridité. Oeufs de canards domestiques et de canards hybrides. Compt. rend. Soc. Biol., T. 59, No. 36.

1905 Losio, Luciano, Le anomalie del poligono di Willis nell'uomo studiate comparativamente in alcuni mammiferi ed uccelli. Anat. Anz., Bd. 27, No. 6/7.

1906 Loyez, Marie, Recherches sur le développement ovarien des œufs méroblastiques à vitellus nutritif abondant. Arch. d'Anat. microsc., T. 8.

1907 Loyez, Marie, Sur la vésicule germinative des reptiles et des oiseaux. Compt. rend. Soc. Biol., T. 62, No. 2.

1907 Loyez, Marie, Sur la formation du vitellus chez les reptiles et les oiseaux. Compt. rend. Soc. Biol., T. 62, No. 3.

1906 Luna, Ulderico, Ricerche sopra le modificazioni dell'epitelio dei villi intestinali nel periodo di assorbimento e nel periodo di digiuno. (Vögel und Säuger.) Boll. Accad. med. Roma, Anno 31, Fasc. 7/8.

1902 Lunghetti, Bernardino, Sulla fine anatomia e sullo sviluppo della ghiandola uropigetica. Anat. Anz., Bd. 22, No. 4/5.

1903 Lunghetti, Bernardino, Contributo alla conoscenza della configurazione, struttura e sviluppo della glandola uropigetica di diverse specie di uccelli. Arch. ital. di Anat. e di Embriol., Vol. 2, Fasc. 1.

1906 Lexer, Max, Ueber die Formentwicklung des Taubenschädels. Anat. Hefte, Abt. 1, Heft 93 (Bd. 31, Heft 1).

1899 Maggi, L., Ossicini metopici negli uccelli e nei mammiferi. Rendic. R. Ist. Lombardo di Sc. e Lett., Ser. 2, Vol. 32, Fasc. 17.

1906 Mangold, Ernst, Der Muskelmagen der körnerfressenden Vögel, seine motorischen Funktionen und ihre Abhängigkeit vom Nervensystem. Arch. f. d. ges. Physiol., Bd. 111, Heft 5/6.

1902 Mannich, H., Beiträge zur Entwicklung der Wirbelsäule von Eudyptes chrysocome. Jen. Zeitschr. f. Naturw., Bd. 37, N. F. Bd. 30. (Dissert. Leipzig.)

1903 Manno, Andrea, Sopra il modo onde si perfora e scompare la membrana faringea negli embrioni di pollo. Ric. Laborat. Anat. norm. Univ. Roma, Vol. 9, Fasc. 3.

1906 Manno, Andrea, Arteriae plantares pedis (Aves, Reptilia, Amphibia). 3 Taf. Arch. Ital. di Anat. e di Embriol., Vol. 5, Fasc. 3.

1906 Manno, Andrea, Arteria peronea communis, arteria peronea profunda, arteria peronea superficialis. Contributo alla morfologia della circolazione arteriosa nell'arto addominale. Internat. Monatsschr. f. Anat. u. Physiol. Bd. 23, Heft 7/9.

1902 Marceau, F., Note sur la structure des fibres musculaires cardiaques chez les oiseaux. Compt. rend. Soc. Biol. Paris, T. 54, No. 36.

1904 Martin, Rud., Die vergleichende Osteologie der Columbiformes, unter besonderer Berücksichtigung von Didunculus strigirostris. Ein Beitrag zur Stammesgeschichte der Tauben. Zool. Jahrb., Abt. f. Systemat., Bd. 20.

1903 Martini, E., Ueber Furchung und Gastrulation bei Cucullanus elegans Zed. Zeitschr. f. wiss. Zool., Bd. 74, Heft 4.

1902 Mascha, E., Der Bau der Flugelfeder. Verh. Ges. Deutsch. Naturf. u. Aerzte Karlsbad, Teil 2, Hälfte 1.

1906 Marakowsky, A., Zwei seltene Fälle von Doppelmißbildung beim Hühnerembryo. Arch. f. mikrosk. Anat., Bd. 67, Heft 4.

1900 Maumus, J., Sur les caecums du Casoar austral. Bull. Muséum d'Hist. nat. Paris, No. 7.

1902 Maumus, J., Sur le troisième caecum des oiseaux. Bull. Muséum d'Hist. nat. Paris, 1902, No. 1.

1902 Maumus, J., Les coecums des oiseaux. Ann. des Sc. nat., Année 77, Sér. 8, T. 15, No. 216.

1906 Martens, M., Zur Kenntnis der Morphologie und Histologie des häutigen Labyrinthes von Gallus domesticus. Berlin, Günther.

1907 Mendl, E., Ueber einen Fall von hochgradiger Hypoplasie der Hoden bei einer Ente. Anat. Anz., Bd. 31, 1907.

1904 Merkel, Fr., Bemerkungen über die Schultermuskeln, ihre Innervation und Funktion. Ergebn. d. Anat. u. Entwicklungsg., Bd. 14.

1902 Metchnikoff, Élie, Études biologiques sur la vieillesse. 2. Recherches sur la vieillesse des perroquets par Metchnikoff, Mesnil et Weinberg. Ann. de l'Inst. Pasteur, Année 16, No. 12.

1908 Meves, F., Die Chondriosomen als Träger erblicher Anlagen. Cytologische Studien am Hühnerembryo. Arch. f. mikr. Anat., Bd. 72, 1908.

1903 Miller, A. M., The development of the postcaval vein in birds. Amer. Journ. of Anat., Vol. 2, No. 3.

1900 Minot, Charles Sedgwick, On the solid stage of the large intestine in the chick. Journ. Boston Soc. Med. Sc., Vol. 4.

1901 Minot, Charles Sedgwick, On the solid stage of the large intestine in the chick, with a note on the ganglion coli. Journ. Boston Soc. Med. Sc., Vol. 4, No. 7.

1901 Mitchell, P. Chalmers, On the intestinal tract of birds, with remarks on the valuation and nomenclature of zoological characters. Trans. Linnean Soc. London, Ser. Zool., Vol. 8, Part 7.

1905 Mitchell, P. Chalmers, On the anatomy of limicoline birds; with special reference to the correlation of modifications. Proc. Zool. Soc. London, Vol. 2, Pt. 1.

1903 Mitchell, P. Chalmers, On the occasional transformation of Meckel's diverticulum in birds into a gland. Proc. of the Zool. Soc. of London 1903, Pt. 2, April 1904.

1900 Mitrophanow, Paul, Teratogenetische Studien. III. Einfluß der veränderten Respirationsbedingungen auf die erste Entwicklung des Hühnerembryos. Arch. f. Entw.-Mech. d. Org., Bd. 10, Heft 1.

1901 Mitrophanow, Paul, Ueber die erste Entwicklung der Krähe (Corvus frugilegus). Zeitschr. f. wissensch. Zool., Bd. 69, Heft 1.

1902 Mitrophanow, Paul, Note sur le développement primitif de la caille (Coturnix communis Bonn.). Arch. d'Anat. microsc., T. 5, Fasc. 2.

1902 Mitrophanow, Paul, Beiträge zur Entwicklung der Wasservögel. Zeitschr. f. wiss. Zool., Bd. 71, Heft 2.

1902 Mitrophanow, Paul, Berichtigungen (Antwort auf Keibels „Zur Abwehr"). Anat. Anz., Bd. 21, No. 23/24. (Betr. Entwicklung des Hühnchens.)

1902 Moser, Fanny, Beiträge zur vergleichenden Entwicklungsgeschichte der Wirbeltierlunge. (Amphibien, Reptilien, Vögel, Säuger.) Arch. f. mikrosk. Anat. u. Entwicklungsg., Bd. 60, Heft 4.

1902 Müller, B., The air-sacs of the pigeon.

1908 Müller, Erik, Beiträge zur Morphologie des Gefäßsystems. 3. Zur Kenntnis der Flügelarterien der Pinguine. Anat. Hefte, Abt. 1, Arb. a. anat. Inst., Heft 107 (Bd. 35, Heft 3).

1907 Müller, Wilh., Zur Entwicklung der Striges und deren Wendezehe. Zool. Anz., Bd. 31, No. 13/14.

1900 Murphy, Charles G., Die morphologische und histologische Entwicklung des Kleinhirns der Vögel. Diss. phil. Berlin.

1900 Nicolas, A., et Weber, A., Observations relatives aux connexions de la poche de Rathke et des cavités prémandibulaires chez les embryons de canard. Compt. rend. 13. Congrès intern. de Méd. Paris, Section d'Hist. et d'Embryol.

1901 Nicolas, A., et Weber, A., Observations relatives aux connexions de la poche de Rathke et des cavités prémandibulaires chez les embryons de Canard. Bibliogr. anat., T. 9, Fasc. 1.

1899 Nissa, E., Sopra lo scheletro di un uccello mostruoso. Avicula, Giorn. ornitol. Ital., Anno 3, Fasc. 21/22.

1902 Nowack, Kurt, Neue Untersuchungen über die Bildung der beiden primären Keimblätter und die Entstehung des Primitivstreifens beim Hühnerembryo. Diss. med. Berlin.

1901 Nussbaum, Zur Entwicklung des Geschlechts beim Huhn. Verh. Anat. Ges. a. d. 15. Vers. Bonn, Anat. Anz. Bd. 19, Ergänz.-Heft.

1901 Nussbaum, M., Die Pars ciliaris des Vogelauges. Arch. f. mikr. Anat. u. Entwicklungsg., Bd. 57, Heft 2.

1903 Nussbaum, E., Zur Entwicklung des Urogenitalsystems beim Huhn. Compt. rend. de l'Assoc. des Anat. Sess. 5, Liège.

1905 Ocher, Carl Wilhelm, Der Einfluß des Geschlechtslebens der Tiere, insbesondere der Vögel auf die Epidermoidalgebilde der Haut. Neustadt a. d. Haardt. Diss. vet.-med. Bern 1904/05.

1900 Oppel, Alb., Mundhöhle, Bauchspeicheldrüse, Leber. In: Lehrb. d. vergl. mikr. Anat. d. Wirbeltiere, Jena, Bd. 3.

1905 Oppel, Alb., Atmungsapparat. In: Lehrb. d. vergl. mikr. Anat. d. Wirbeltiere, Jena, Bd. 6.

1902 Orlandi, S., Contribuzione allo studio della struttura e dello sviluppo della glandola uropigetica degli uccelli. Atti Soc. ligustica Sc. nat. e geogr. Genova, tip. Ciminago.

1902 Orlandi, S., Contribuzione allo studio della struttura e dello sviluppo della glandola uropigetica degli uccelli. Boll. Musei Zool. e Anat. comp. Univ. Genova, No. 114.

1906 Pankrato, K. J., Ueber den Bau des Hühnerkammes. Ann. de l'Inst. Agronom. de Moscou, Année 12, Livr. 1.

1906 Parona, Corrado, Sdoppiamento del vessillo in due penne di pollo. Atti Soc. Ligustica Sc. nat. e geogr., Anno 17, Fasc. 1/2.

1901 Parreidt, R., Zur Anatomie des Auges bei Eudyptes chrysocome und zur Entwicklung des Pecten im Vogelauge. Leipzig. 4°.

1907 Patterson, J. Thos., Order of appearance of the anterior somites in the chick. Biol. Bull. Marine Biol. Lab. Woods Hole, Mass., Vol. 13, No. 3.

1908 Patterson, J. Thos., Amitosis in the pigeon's egg. Anat. Anz., Bd. 32, No. 5.

1899 Paulmier, F. C., The spermatogenesis of Anasa tristis. Journ. of Morph., Vol. 15, Suppl.

1903 Penderras, Margarita, Sul callo embrionale dei Sauropsidi. Anat. Anz., Bd. 24, No. 5/6.

1907 Pensa, Ant., Osservazioni sulla struttura e sullo sviluppo delle ghiandole linfatiche degli uccelli; nota prev. Boll. Soc. med.-chir. Pavia, Anno 21, No. 1.

1905 Perna, Giovanni, Intorno all'influenza della luce sullo sviluppo e sull'orientazione dell'embrione nell'uovo di pollo; ricerche sperim. Boll. Sc. med., Anno 76, Ser. 8, Vol. 5, Fasc. 3.

1900 Petit, Sur la sexualité des embryons de poule en rapport avec la forme de l'œuf. Assoc. franç. pour l'avancem. des sciences. Compt. rend. 28. sess., Part 1.

1906 Pflugk, Albert v., Ueber die Akkommodation des Auges der Taube nebst Bemerkungen über die Akkommodation der Affen (Macacus cynomolgus) und des Menschen. Wiesbaden.

1906 Piettre, M., et Vila, A., Sur le noyau des hématies du sang des oiseaux. Compt. rend. Acad. Sc., T. 142, No. 15.

1904 Pighini, Giacomo, Sullo sviluppo delle fibre nervose periferiche e centrali dei gangli spinali e dei gangli cefalici nell'embrione del pollo. Rivista sperim. Freniatr., Vol. 30.

1905 Pighini, Giacomo, Sulla struttura dei globuli rossi (Anfibi, Uccelli, Mammiferi compreso l'uomo). Arch. Sc. med., Vol. 29, Fasc. 1/2.

1904 Pitzorno, M., Ricerche di morfologia comparata sopra le arterie succlavia ed ascellare. Atti di Soc. Toscana di Sc. nat. Pisa, Vol. 20.

1908 Porta, Antonio, I muscoli caudali e anali nei generi Pavo e Meleagris. Zool. Anz., Bd. 33, No. 1/2.

1900 Pycraft, W. P., Contributions to the osteology of birds (Part 4: Pygopodes). Proc. Zool. Soc. London, 1899, Part 1.

1901 Pycraft, W. P., On the morphology and phylogeny of the Palaeognathae (Ratitae and Crypturi) and Neognathae (Carinatae). Trans. Zool. Soc. London, Vol. 15, Pt. 5.

1903 Pycraft, W. P., A contribution toward our knowledge of the morphology of the owls. Pt. 2. Osteology. Trans. Linnean Soc. London, Zool., Vol. 9, Pt. 1.

1905 Pycraft, W. P., Contributions to the osteology of birds. Part 7. Eurylaemidae. Proc. Zool. Soc. London, Vol. 2, Pt. 1.

1906 Pycraft, W. P., Contributions to the osteology of birds. Part 8. The tracheophone Passeres. Proc. Zool. Soc. London.
1907 Pycraft, W. P., Contributions to the osteology of birds. Part 9. Tyranni; Hirundines, Muscicapae, Lanii and Gymnorhines. Proc. Zool. Soc. London.
1907 Pycraft, W. P., On some points in the anatomy of the Emperor and Adélie Penguins. National Antarctic Expedit. 1901—1904, Nat. Hist., Vol. 2, Zoology.
1908 Rabaud, É., La position et l'orientation de l'embryon de poule sur le jaune. Arch. de Zool. expér. et gén., Année 39, Sér. 4, T. 8.
1908 Rabaud, A., Recherches expérimentales sur l'action de la compression mécanique intervenant au cours de l'ontogénie des oiseaux. (Faits spéciaux à l'omphalocéphalie et considérations générales.) Arch. f. Entwickl.-Mech., Bd. 26.
1906 Rabl, Hans, Die erste Anlage der Arterien der vorderen Extremitäten bei den Vögeln. Arch. f. mikr. Anat., Bd. 69, Heft 2.
1906 Rabl, Hans, Die Entwicklung der Arterien der vorderen Extremität bei der Ente. Anat. Anz., Bd. 29, Ergänz.-Heft.
1907 Rabl, Hans, Ueber die Anlage der ultimobranchialen Körper bei Vögeln. Arch. mikr. Anat., Bd. 70.
1908 Rabl, Hans, Ueber die Entwicklung der Vorniere bei den Vögeln, nach Untersuchungen am Kiebitz (Vanellus cristatus M.). Arch. f. mikr. Anat., Bd. 72.
1900 Rawitz, Bernh., Ueber den Bogengangsapparat der Purzeltauben. Arch. f. Anat. u. Physiol., Phys. Abt., Heft 1/2.
1907 Regalia, E., Sui numeri eccezionali di falangi dei piedi negli uccelli. Avicula, Giorn. ornit. Ital., Anno 11, No. 113/114.
1902 Regaud, Cl., Observations sur les phénomènes de sécrétion de l'épithélium séminal du moineau. Bibliogr. anat., T. 10, Fasc. 4.
1902 Regaud, Cl., Note histologique sur la sécrétion séminale du moineau domestique. Compt. rend. Soc. Biol. Paris, T. 54, No. 18.
1902 Retterer, Éd., Structure et fonctions des ganglions lymphatiques des oiseaux. Compt. rend. Soc. Biol. Paris, T. 54, No. 11.
1902 Retterer, Éd., Parallèle des ganglions lymphatiques des mammifères et des oiseaux. Compt. rend. de l'Associat. des Anat. Montpellier.
1902 Retzius, Gust., Zur Kenntnis der oberflächlichen ventralen Nervenzellen im Lendenmark der Vögel. Biol. Untersuchungen, N. F. Bd. 10.
1901 Rex, H., Zur Entwicklung der Augenmuskeln der Ente. Arch. f. mikr. Anat. u. Entwicklungsg., Bd. 57, Heft 2.
1905 Rex, H., Ueber das Mesoderm des Vorderkopfes der Lachmöve (Larus ridibundus). Gegenbaurs Morph. Jahrbuch, Bd. 33, Heft 2/3.
1898 Riehm, H. A., Ueber den Bau des Augenlides beim Vogel. Internat. Monatsschr. f. Anat. u. Physiol., Bd. 15.
1900 Ries, J. N., Note sur les doigts supplémentaires chez le poulain. Rec. de Méd. vétérin., No. 17.
1901 Ritter, C., Ueber die Kernzone der Linse der Gangvögel. Arch. f. Augenheilk., Bd. 44, Heft 3.
1907 Röthig, Paul, Die Entwicklung des Mesoderms bei der Ente, dem Kiebitz und der Möwe. Arch. f. mikr. Anat., Bd. 70, Heft 4.
1908 Röthig, Paul, Eine Vorrichtung zum lebenswarmen Fixieren und leichten Transportieren der Eileitereier der Vögel. Zeitschr. f. wiss. Mikrosk., Bd. 25, Heft 1.
1904 Rohmann, F., Histologische Untersuchung der Bürzeldrüse. Verh. Ges. Deutsch. Naturf. u. Aerzte, 76. Vers. Breslau, Teil 2, Hälfte 2.
1902 Rosenstadt, B., Ueber den Verhornungsprozeß. Verh. Ges. Deutsch. Naturf. u. Aerzte Karlsbad, Teil 2, Hälfte 2. (Embr. des Hühnerembryos.)
1906 Rosenthal, Werner, Beobachtungen an Hühnerblut mit stärksten Vergrößerungen und mit dem Ultramikroskop. Biol. Centralbl., Bd. 26, No. 20.
1906 Rosenthal, Werner, Beobachtungen an Hühnerblut mit stärksten Vergrößerungen und mit dem Ultramikroskop. Festschr. f. J. Rosenthal (Vollendung 70. Lebensj.).
1901 Rothschild, Walter, A monograph of the genus Casuarius. With a dissertation on the morphology and phylogeny of the Palaeognathae (Ratitae and Crypturi) and Neognathae (Carinatae). Trans. Zool. Soc. London, Vol. 15, Part 5.
1906 Roux, Wilhelm, Ueber die funktionelle Anpassung des Muskelmagens der Gans. Arch. f. Entwickl.-Mech. d. Organ., Bd. 21, Heft 3.
1903 Rückert, J., Ueber die Abstammung der bluthaltigen Gefäßanlagen beim Huhn und über die Entstehung des Randsinus beim Huhn und bei Torpedo. Sitz.-Ber. d. Bayer. Akad. d. Wiss. Sep. München, Franz Verl.
1903 Rutherford, W. J., Notes on a case of feather-bifurcation. Journ. of Anat. and Physiol., Vol. 37, Pt. 4.

1905 Sabin, F. R., The origin of the subclavian artery in the chick. Anat. Anz., Bd. 26, No. 11/12.

1900 Sala, L., Sullo sviluppo dei cuori linfatici e dei dotti toracici nell'embrione di pollo. Ric. fatte nel Laborat. di Anat. norm. d. R. Univ. di Roma ed in altri Labor. biol., Vol. 7, Fasc. 3/4.

1906 Sala, Guido, Sulla fina struttura dei centri ottici degli uccelli. Nota seconda: A. Il Nucleus lateralis mesencephali e le sue adiacenze. B. Ganglio del tetto ottico. Mem. del R. Ist. Lombardo di Sc. e Lett., Cl. di Sc. mat. e nat., Vol. 20, Ser. 3 Vol. 11, Fasc. 7.

1907 Sala, Guido, Sulla fina struttura dei centri ottici degli uccelli. Nota terza: A. Il tetto ottico. B. Il nucleus dors. ant. med. thalami. Pavia.

1905 Salvi, Giunio, L'intestino cecale negli uccelli. Atti Soc. Toscana Sc. nat. Pisa, Memorie, Vol. 21.

1907 Salvi, Giunio, Morfologia delle arterie dell'estremità addominale. Pt. 1. Origine e significato delle arterie che vanno all'estremità (Selaci, Anfibi, Rettili, Uccelli). Studi Sassaresi, Anno 5, Sez. 2, Suppl.

1906 Scaffidi, Vit., Sul decorso delle fibre nervose nel segmento anteriore delle vie ottiche del pollo. Ricerche Lab. Anat. Roma e altri Lab. Biol., Vol. 12, Fasc. 1.

1902 Schaffer, Josef, Ueber Knorpelbildungen an den Beugesehnen der Vögel. Centralbl. f. Physiol., Bd. 16, No. 4.

1903 Schaffer, Josef, Eine Sperrvorrichtung an den Zehen des Sperlings (Passer domesticus L.). Biol. Centralbl., Bd. 23, No. 11.

1903 Schaffer, Josef, Ueber die Sperrvorrichtung an den Zehen der Vögel. Ein Beitrag zur Mechanik des Vogelfußes und zur Kenntnis der Bindesubstanzen. Zeitschr. f. wiss. Zool., Bd. 73, Heft 3.

1907 Schaub, Sam., Beiträge zur Kenntnis der postembryonalen Entwicklung der Anatiden. Zool. Jahrb., Abt. f. Anat. u. Ont. d. Tiere, Bd. 25, Heft 2.

1902 Schauinsland, H., Die Entwicklung der Eihäute der Reptilien und der Vögel. Handb. d. vergl. u. exper. Entwicklungslehre d. Wirbeltiere, Bd. 1, Kap. 2.

1903 Schauinsland, H., Beiträge zur Entwicklungsgeschichte und Anatomie der Wirbeltiere. I. II. III. (= Zoologica, Heft 39.) Stuttgart, Nägele.

1906 Schepelmann, Emil, Ueber die gestaltende Wirkung verschiedener Ernährung auf die Organe der Gans, insbesondere über die funktionelle Anpassung an die Nahrung. Arch. f. Entwickl.-Mech. d. Org., Bd. 21, Heft 3.

1907 Schepelmann, Emil, Ueber die gestaltende Wirkung verschiedener Ernährung auf die Organe der Gans, insbesondere auf die funktionelle Anpassung an die Nahrung. Arch. f. Entwickl.-Mech. d. Org., Bd. 23, Heft 2.

1902 Schimkewitsch, Wl., Experimentelle Untersuchungen an meroblastischen Eiern. 2. Die Vögel. Zeitschr. f. wiss. Zool., Bd. 73, Heft 2.

1901 Schirschoff, D., Beiträge zur Kenntnis der zellförmigen Elemente der Eihäute bei Vögeln. Beitr. z. pathol. Anat. u. z. allg. Pathol., Bd. 29, Heft 3.

1906 Schlater, Gustav, Histologische Untersuchungen über das Muskelgewebe. 2. Die Myofibrille des embryonalen Hühnerherzens. Arch. f. mikr. Anat. u. Entwickl., Bd. 69, Heft 1.

1906 Schmiedeknecht, Otto, Die Wirbeltiere Europas mit Berücksichtigung der Faunen von Vorderasien und Nordafrika. Analytisch bearbeitet. Jena, G. Fischer.

1900 Schreiner, K. E., Beiträge zur Histologie und Embryologie des Vorderdarmes der Vögel. I. Vergleichende Morphologie des feineren Baues. Zeitschr. f. wiss. Zool., Bd. 68, Heft 4.

1908 Schulze, F. E., Die Lungen des afrikanischen Straußes. Sitzungsber. d. Preuß. Akad. d. Wiss. Berlin.

1903 Schüpbach, Peter, Beiträge zur Anatomie und Physiologie der Ganglienzellen der Taube. Centralbl. f. Physiol., Bd. 17, No. 15.

1905 Schüpbach, Peter, Beiträge zur Anatomie und Physiologie der Ganglienzellen im Zentralnervensystem der Taube. Diss. med. Bern.

1903 Schumacher, S. v., Ueber die Entwicklung und den Bau der Bursa Fabricii. Sitz.-Ber. Kais. Akad. Wiss. Wien, Bd. 112.

1907 Shattock, S. G., and Seligmann, C. G., An example of incomplete glandular hermaphroditism in the domestic fowl. Proc. R. Soc. of Med., Vol. 1, No. 1.

1900 Shelford, R., On the pterylosis of the embryos and nestlings of Centropus sinensis. The Ibis, Ser. 7, Vol. 6, No. 24.

1901 Shufeldt, R. W., On the osteology of the Woodpeckers. Proc. Americ. Philos. Soc.

1901 Shufeldt, R. W., On the osteology of the Striges (Strigidae and Bubonidae). Proc. Americ. Philos. Soc.

1901 Shufeldt, R. W., Osteology of the penguins. Journ. of Anat. a. Phys., Vol. 35, N. Ser. Vol. 15, Part 3.

1901 Shufeldt, R. W., On the osteology of the pigeons (Columbae). Journ. of Morphol., Vol. 17, No. 3.

1902 Shufeldt, R. W., Osteology of the flamingos (Phoenicopterus rubra). Ann. Carnegie Mus., Vol. 1.

1904 Shufeldt, R. W., On the osteology and systematic position of the Pygopodes. Americ. Natur., Vol. 38, No. 445.

1904 Smith, Geoffrey, The middle ear and columella of birds. Quart. Journ. of Microsc. Sc., Vol. 48.

1906 Soli, Ugo, Sulla struttura delle fibre muscolari liscie dello stomaco degli uccelli. Anat. Anz., Bd. 28.

1907 Soli, Ugo, Sulla struttura delle fibre muscolari liscie dello stomaco degli uccelli. Ricerche istologiche, embriologiche e sperimentali. Bibl. anat., Vol. 17, Fasc. 1.

1905 Soyer, E., Les premiers stades de la vitellogenèse dans l'ovule de la poule. Ann. de la Soc. de Méd. de Gand, T. 85.

1907 Sonies, F., Ueber die Entwicklung des Chondrokraniums und der knorpeligen Wirbelsäule bei den Vögeln. Petrus Camper, Deel 4, Afl. 4.

1908 Sonnenbrodt, A., Die Wachstumsperiode der Oocyte des Huhnes. Arch. f. mikrosk. Anat. u. Entwickl.-Gesch., Bd. 72, Heft 2.

1908 Sonnenbrodt, A., Die Wachstumsperiode der Oocyte des Huhnes. Diss. med. Gießen.

1905 Sorrana, F., Esame microscopico del sistema nervoso e muscolare di un colombo nel quale all'asportazione dei canali semicircolari era succeduta gravissima atrofia muscolare. Atti Istit. Veneto Sc. Lett. ed Arti, Vol. 64 (Ser. 8 Vol. 7) 1905.

1906 Sorrana, F., Examen microscopique du système musculaire d'un pigeon chez lequel l'ablation des canaux demi-circulaires avait été suivie d'une très grave atrophie musculaire. Arch. ital. de Biol., T. 45.

1902 Soulié, A., Sur les premiers stades du développement de la capsule surrénale chez la perruche ondulée. Compt. rend. Soc. Biol. Paris, T. 54, No. 26.

1902 Soulié, A., Sur le développement de la capsule surrénale du 7e au 15e jour de l'incubation. Compt. rend. Soc. Biol. Paris, T. 54, No. 26.

1902 Stampani, G., Sopra il modo di occlusione della vescicola ombelicale e sopra il presunto organo placentoide degli uccelli. Pisa, tip. Simoncini.

1904 Stampani, G., Ricerche sugli annessi fetali degli uccelli e specialmente sul modo di occlusione della vescicola ombelicale e sul presunto organo placentoide. Arch. ital. di Anat. e di Embr., Anno 4, Fasc. 1.

1907 Stavola, Rino, Sull'innervazione segmentale della cute negli uccelli. Contributo sperimentale. Arch. ital. di Anat. e di Embr., Vol. 6, Fasc. 3.

1900 Staurenghi, C., Nuove ricerche sulle ossa interparietali degli uccelli. Boll. d. Soc. medico-chir. di Pavia, No. 2.

1901 Staurenghi, C., Annotazioni intorno all'os supra-petrosum (W. Gruber) e sulle lamelle bregmatiche endocraniche frontali e parietali del B. taurus, fessure frontali paralsregmatiche nell'E. caballus, nell'Athene noctua e nella Strix flammea. Boll. d. Soc. medico-chir. Pavia, No. 3.

1902 Staurenghi, C., Ricerche di craniologia degli uccelli. (Comunicaz. prev.) Atti Soc. ital. Sc. nat. e Museo civ. St. nat. Milano, Vol. 41, Fasc. 3.

1903 Stephan, P., Sur le développement des spermies du coq. Bibl. anat., T. 12.

1906 Sterzi, Andrea Ippolito, I gruppi midollari periferici degli uccelli. Arch. Zool., Vol. 2, Fasc. 4.

1904 Sterzi, Gius., I vasi sanguigni della midolla spin. degli uccelli. Arch. ital. di Anat. e di Embriol., Vol. 2, Fasc. 1.

1904 Sterzi, Gius., Die Blutgefäße des Rückenmarkes. Untersuchungen über ihre vergleichende Anatomie und Entwicklungsgeschichte. Anat. Hefte, Bd. 24.

1902 Strahl, H., und Grundmann, E., Versuche über das Wachstum der Keimblätter beim Hühnchen. Anat. Anz., Bd. 21, No. 23/24.

1905 Strasser, H., Zur Entwicklung und Pneumatisation des Taubenschädels. Anat. Anz., Bd. 27, Ergänz.-Heft, Verh. Anat. Ges. Genf.

1902 Strong, R. M., The development of the definitive feather. Bull. Mus. Comp. Zool. Harvard Coll., Vol. 40, No. 3.

1905 Studnička, F. K., Die Parietalorgane. In: Lehrbuch d. vergl. mikrosk. Anat. d. Wirbeltiere, herausgeg. von A. Oppel, Jena, Bd. 5.

1900 Suschkin, P., Weitere systematische Ergebnisse vergleichend-osteologischer Untersuchungen der Tagraubvögel. Zool. Anz., Bd. 23, No. 625.

1905 Suschkin, P., Zur Morphologie des Vogelskeletts. Vergleichende Osteologie der normalen Tagraubvögel (Accipitres). Nouv. Mém. de la Soc. Imp. des Natural. de Moscou, T. 16, L. 3/4.

1904 Swenander, Gustav, Untersuchungen über den Vorderdarm einiger Vögel aus dem Sudan. Results of the Swedish Zool. Exped. to Egypt and the White Nil, Pt. 1, Upsala.

1902 Swenander, Gustav, Studien über den Bau des Schlundes und des Magens der Vögel. Trondhjem (Vid.-Selsk. Skrift.).

1902 Szakáll, J., Ueber das Ganglion ciliare bei unseren Haustieren. Arch. f. wiss. u. prakt. Tierheilk., Bd. 28, Heft 5.

1906 Szily, Aurel v., Ueber Amnioneinstülpung ins Linsenbläschen der Vögel. Anat. Anz., Bd. 28, No. 9/10.

1908 Tandler, J., Bericht über die mit Subvention der Kaiserlichen Akademie der Wissenschaften angestellten Untersuchungen über die Entwicklungsgeschichte des Kiebitz. Anzeiger d. K. Akad. d. Wiss. Wien.

1904 Thompson, D'Arcy Wentworth, On the pterylosis of the Giant Humming-bird (Patagona gigas). Proc. Zool. Soc. London, Vol. 1, Part 2.

1905 Tjeenk Willink, H. D., Over de randlijsten en de eiwrat bij vogels. Diss. Leiden.

1905 Tjeenk Willink, H. D., Die Zahnleisten und die Eischwiele bei den Vögeln. Tijdschr. Nederland. Dierk. Ver., (2) D. 9, Afl. 3.

1900 Tirelli, V., De l'influence des basses températures sur l'évolution de l'embryon de poulet. Arch. Ital. Biol., T. 33, Fasc. 1.

1900 Tonkoff, W., Die Entwicklung der Milz bei den Amnioten. Arch. f. mikr. Anat. u. Entwicklgsgesch., Bd. 56, Heft 2.

1900 Tonkoff, W., Zur Entwicklungsgeschichte des Hühnerschädels. Anat. Anz., Bd. 18, No. 11/12.

1906 Trollenier, Mißbildung eines Hühnerkopfes. Zeitschr. f. Tiermedizin, Bd. 10, Heft 2.

1901 Tourneux, F. et J. P., Note sur la ponte et sur la durée de l'incubation des œufs de perruche ondulée (Melopsittacus undulatus L. B.). Compt. rend. Soc. Biol. Paris, T. 53, No. 25.

1902 Tourneux, F. et J. P., Démonstrations de préparations, in toto, d'embryons de perruche ondulée, aux différents jours de l'incubation. Compt. rend. de l'Assoc. des Anat. Montpellier.

1901 Tur, Jan, O regeneracyi. (Sur la régénération.) Wszechświat, Warszawa, T. 20.

1901 Tur, Jan, O niektórych zboczeniach w embryogenii kurczęcia. (Sur quelques anomalies dans l'embryogénie du poulet.) Wszechświat, Warszawa, T. 20.

1901 Tur, Jan, Przyczynki do embryologii porównawczej ptaków. (Contributions à l'embryologie comparée des oiseaux.) Wszechświat, Warszawa, T. 20.

1903 Tur, Jan, Ueber die Teratogenie der Vögel. Kosmos, Lwów, Bd. 28.

1903 Tur, Jan, Zur Geschichte der Ideen über die Natur des Eies des Huhns. Wszechświat, Warschau, Bd. 22.

1905 Tur, Jan, W sprawie metameryi pierwotnej mózgowia u ptaków. (Metamerie des Gehirns bei Vögeln.) Wszechświat, Warszawa, Bd. 24.

1906 Tur, Jan, Sur le développement anormal du parablaste dans les embryons de poule (parablaste sous-germinal). Bull. de la Soc. philomat. de Paris, No. 3.

1907 Tur, Jan, Sur l'action tératogène localisée exercée par la coquille de l'œuf sur les embryons d'oiseaux. Compt. rend. Soc. Biol., T. 62, No. 22.

1906 Twining, Granville H., The embryonic history of carotid arteries in the chick. Anat. Anz., Bd. 29, No. 24.

1907 Van de Velde, Em., Die fibrilläre Struktur in den Nervenendorganen der Vögel und der Säuger. Anat. Anz., Bd. 31, No. 23/24.

1899 Van Kempen, Ch., Sur une série de mammifères et d'oiseaux présentant des variétés de coloration, des cas d'hybridité et des anomalies (5. série). Bull. Soc. Zool. France, No. 9/10.

1904 Van Oort, Eduard Daniel, Beitrag zur Osteologie des Vogelschwanzes. Leiden, Diss. phil. Bern 1904/5.

1907 Van Oort, E. D., Catalogue ostéologique des oiseaux. Mus. d'Hist. nat. des Pays-Bas, T. 10.

1907 Van Wijhe, J. W., Sur le développement du chondrocrâne des oiseaux. Compt. rend. Assoc. Anat. 9. Réun. Lille.

1906 Verocay, Multiplicitas cordis (Heptacardia) bei einem Huhn. Verh. d. Deutsch. Pathol. Ges. Meran 9. Tagung. Jena 1906.

1907 Verzár, Fritz, Ueber die Anordnung der glatten Muskelzellen im Amnion des Hühnchens. Internat. Monatsschr. f. Anat. u. Phys., Bd. 24, Heft 7/9.

1908 Vialleton, L., Sur les arcs viscéraux et leur rôle topographique chez les vertébrés. Arch. d'Anat. microscop., T. 10, Fasc. 1.

1906 Vigorita, Domenico, Sulla costituzione e genesi dello strato cuticolare dello stomaco muscoloso degli uccelli. Boll. Soc. Natural. Napoli, Ser. 1, Vol. 19, 1905, ersch. 1906.

1908 Vincentini, Arrigo, Alcune osservazioni sull'anatomia del pancreas degli uccelli. Monit. Zool. Ital., Anno 19, No. 1.

1908 Völker, O., Ueber eine proximal von der Epiphyse am Zwischenhirndach auftretende Ausstülpung bei den Embryonen von Larus ridibundus. Anat. Anz., Bd. 33.

1903 Voit, E., Versuche an Tauben über die Bedeutung des Federkleides. Sitz.-Ber. d. Ges. f. Morphol. u. Phys. in München 1903, Bd. 19, Heft 2, ersch. 1904.

1903 Wallenberg, Adolf, Neue Untersuchungen über den Hirnstamm der Taube. Anat. Anz., Bd. 24, No. 13/14.

1903 Wallenberg, Adolf, Der Ursprung des Tractus isthmo-striatus (oder bulbo-striatus) der Taube. Neurolog. Zentralbl., Jg. 22, No. 3.

1904 Wallenberg, Adolf, Neue Untersuchungen über den Hirnstamm der Taube. 3. Die cerebrale Trigeminuswurzel. Anat. Anz., Bd. 25, No. 21/22.

1904 Wallenberg, Adolf, Nachtrag zu meinem Artikel über die cerebrale Trigeminuswurzel der Vögel. Anat. Anz., Bd. 25, No. 24.

1906 Wallenberg, Adolf, Die basalen Aeste des Scheidewandbündels der Vögel. (Rami basales tractus septomesencephalici.) Anat. Anz., Bd. 28, No. 15/16.

1907 Warncke, Paul, Zur Frage des Gehirngewichtes bei den Vögeln. Journ. f. Psychol. u. Neurol., Bd. 9, Heft 3.

1906 Waterston, David, An unusual displacement of the heart. Journ. of Anat. and Phys., Vol. 40.

1901 Weber, A., Contribution à l'étude de la métamérie du cerveau antérieur chez quelques oiseaux. Arch. d'Anat. microsc., T. 3, Fasc. 4.

1902 Weber, A., Recherches sur le développement du foie chez le canard. Bibl. anat., T. 11, Fasc. 1.

1902 Weber, A., Recherches sur les premières phases du développement du cœur chez le canard. Bibl. anat., T. 11, Fasc. 3.

1902 Weber, A., L'évolution des conduits pancréatiques chez les embryons du canard. Bibl. anat., T. 11, Fasc. 4.

1902 Weber, A., Sur les origines des ébauches pancréatiques chez le canard. Compt. rend. de l'Assoc. des Anat. Montpellier.

1902 Weber, A., Observations d'embryons d'oiseaux anamniotes et normalement conformés. Compt. rend. Soc. Biol., T. 54, No. 28.

1903 Weber, A., Variations dans le mode de formation des ébauches pancréatiques ventrales chez le canard. Compt. rend. Soc. Biol., T. 55, No. 16.

1903 Weber, A., Un organe excréteur rudimentaire dans la région cloacale des embryons d'oiseaux. Compt. rend. Soc. Biol., T. 55, No. 17.

1903 Weber, A., L'extrémité caudale du canal de Wolff, chez les embryons d'oiseaux. Compt. rend. Soc. Biol., T. 55, No. 17. (Réun. Biol. Nancy.)

1903 Weber, A., Notes de mécanique embryonnaire. Études des premiers phénomènes de torsion sur l'axe longitudinal chez les embryons d'oiseaux possédant un amnios normal ou totalement dépourvus de cette enveloppe (influence de l'amnios et de la torsion cardiaque). Journ. de l'Anat. et de la Physiol., Année 39, No. 1.

1907 Weber, A., Remarques sur le développement des vaisseaux et du sang dans l'aire vasculaire de l'embryon de canard. Compt. rend. Assoc. Anat. 9. Réun. Lille.

1903 Weber, A., et Buvignier, A., Les premières phases du développement du poumon chez les embryons de poulet. Compt. rend. Soc. Biol., T. 55, No. 32. (Réun. biol. Bordeaux.)

1903 Weber, A., et Buvignier, A., Absence de l'ébauche pancréatique ventrale gauche chez un embryon de poulet. Compt. rend. Soc. Biol., T. 55, No. 32. (Réun. biol. Nancy.)

1903 Weber, A., et Ferret, P., Les conduits biliaires et pancréatiques chez le canard domestique. Bibl. anat., T. 12, Fasc. 5.

1902 Weber, A., et Retterer. Quelques faits concernant le développement de l'intestin moyen et de ses glandes annexes chez les oiseaux. Compt. rend. Soc. Biol. Paris, T. 54, No. 31.

1906 Weber, Ernst, Ueber ein Zentrum auf der Großhirnrinde bei Vögeln für die glatten Muskeln der Federn. Centralbl. f. Phys., Bd. 20, No. 8.

1888 [illegible], M., Beitrag zur Kenntnis der Nasendrüsen bei den Vögeln. Dissert. med. Berlin.

1907 Wiman, Harry Lewis, The relation between the cyto-reticulum and the fibril bundles in the heart muscle cell of the chick. Americ. Journ. of Anat., Vol. 6.

1908 Williams, E. W., Vergleichend-anatomische Studien über den Bau und die Bedeutung der Oliva inferior der Säugetiere und Vögel. Arb. a. d. Neurolog. Instit. a. d. Wiener Univers., Bd. 17.

1901 Wohlauer, Ernst, Entwicklung des Embryonalgefieders von Eudyptes chrysocome. Zeitschr. f. Morph. u. Anthrop., Bd. 4, Heft 1.

1900 Wetzel, O., Ueber die Anordnung der Blutgefäße bei Doppelmißbildungen des Hühnchens. Anat. Hefte, Abt. 1, Arb. a. anat. Inst., Heft 47 (Bd. 15, Heft 1).

1908 Zietzschmann, O., Ueber eine eigenartige Grenze in der Schleimhaut zwischen Muskelmagen und Duodenum beim Vogel. Anat. Anz., Bd. 33.

1900 Zumstein, Ueber den Bronchialbaum der Säuger und Vögel. Sitz.-Ber. d. Ges. z. Beförd. d. ges. Naturw. Marburg, No. 4.

Erklärung der Tafeln.

Auf Tafel I sind die Originalbilder der Stadien 1—29, die von oben resp. nach Eintritt der Kopfdrehung von links aufgenommen und auf gleiche (5-fache) Vergrößerung gebracht wurden, nebeneinander gestellt; die Bilder der Stadien 30—33 erscheinen, gleichfalls auf gleiche (2½-fache) Vergrößerung reduziert, auf Tafel II. Außerdem ist auf Tafel II und III eine Reihe von Originalen in der Vergrößerung, in der sie hergestellt wurden, wiedergegeben und mit denselben Nummern bezeichnet wie auf der ersten (Vergleichs-) Tafel. Abbildungen der rechten Körperseite oder von Einzelheiten der verwendeten Embryonen sind durch ein der Stadiennummer beigefügtes a gekennzeichnet.

Frommannsche Buchdruckerei (Hermann Pohle) in Jena. — 3144

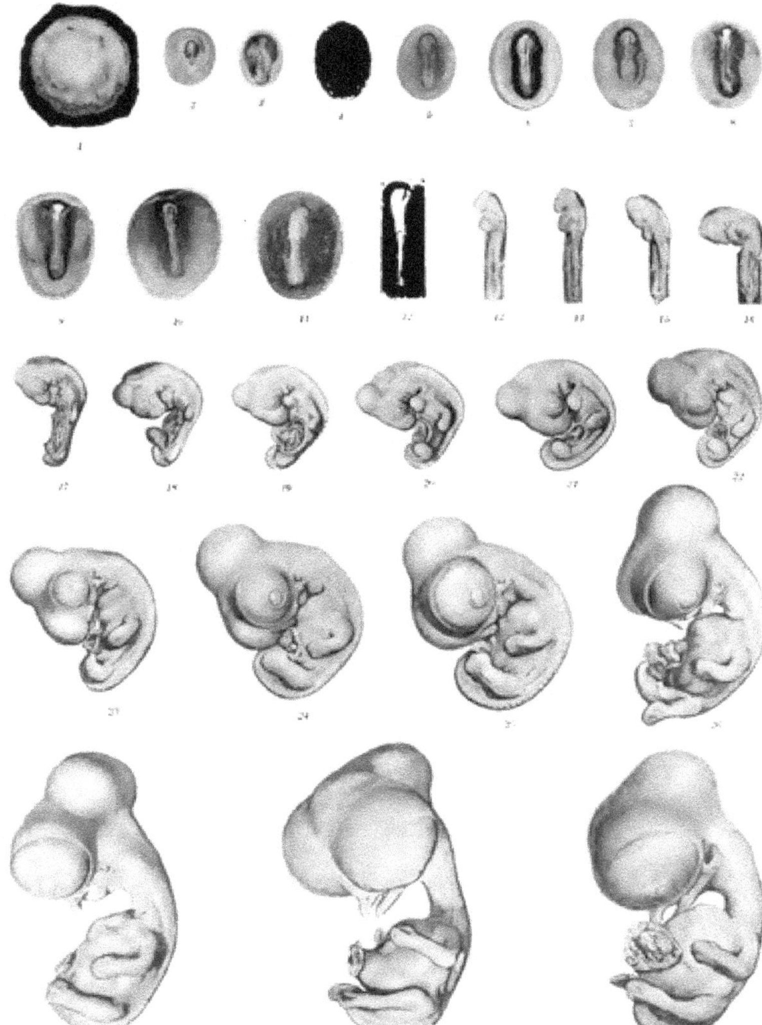

Fig. 30–33 sind [illegible] mal, Fig. 29a [illegible] mal, Fig. 1–[illegible] sind [illegible] mal vergrössert.

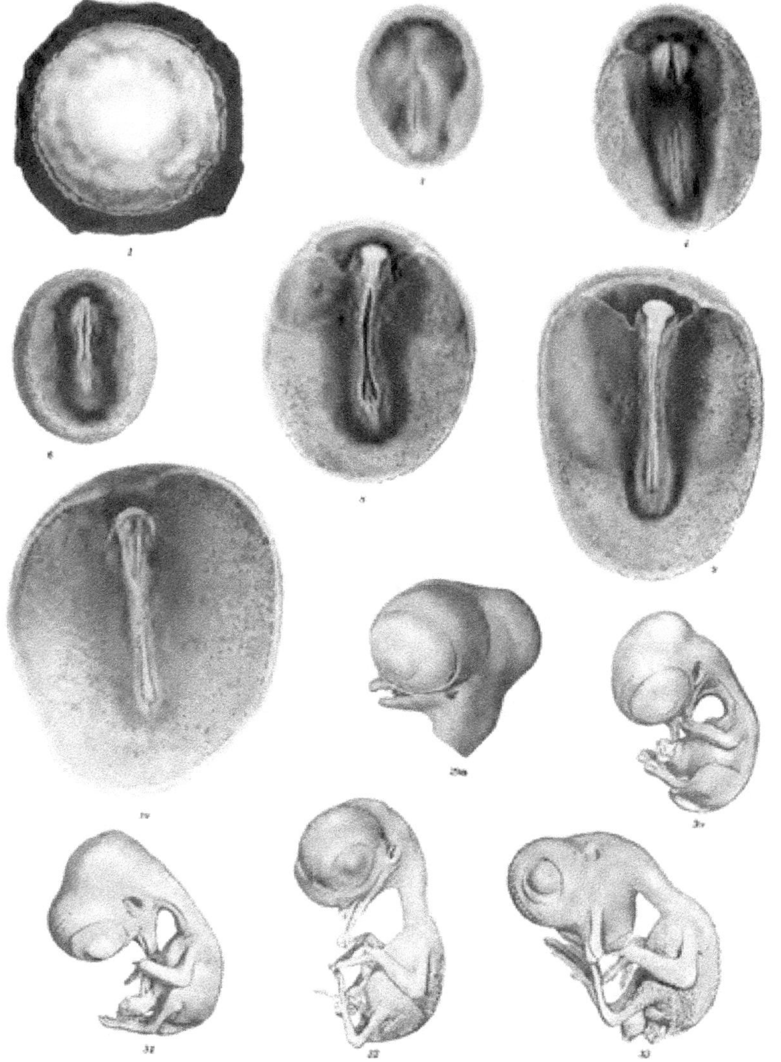

Fig. 13–24 sind 5 : 1 mal, Fig. 22a, 23a und 24a sind 6 mal vergrössert.

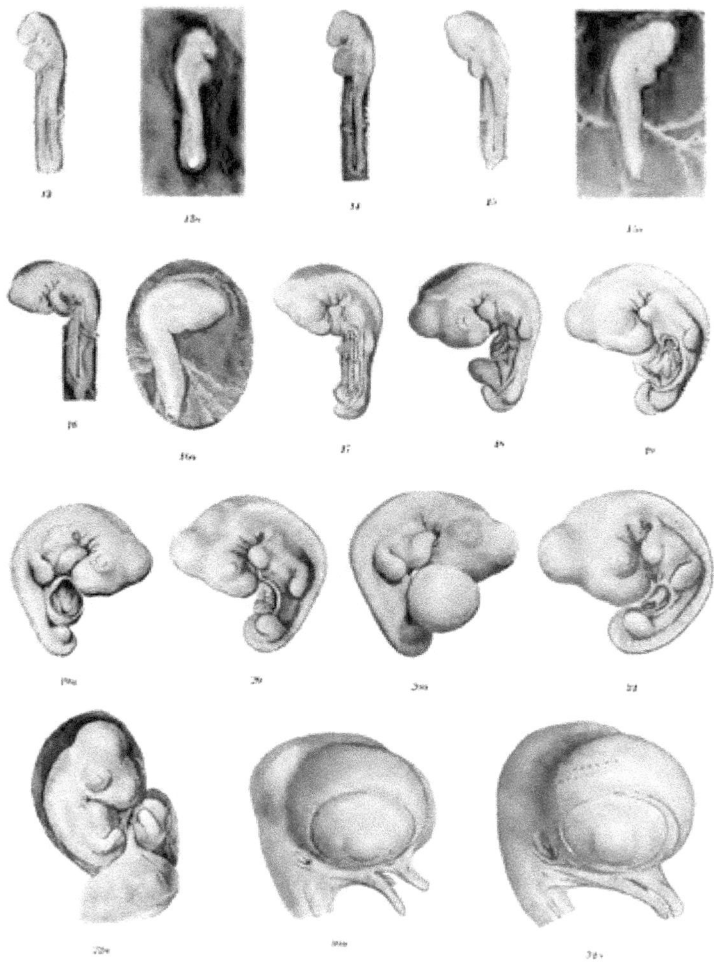

www.ingramcontent.com/pod-product-compliance
Lightning Source LLC
Chambersburg PA
CBHW022003190326
41519CB00010B/1371

* 9 7 8 3 7 4 3 3 2 2 8 9 9 *